Ensino de Matemática na Escola de Nove Anos
Dúvidas, Dívidas e Desafios

Dados Internacionais de Catalogação na Publicação (CIP)
(Câmara Brasileira do Livro, SP, Brasil)

Santos, Vinício de Macedo

Ensino de matemática na escola de nove anos: dúvidas, dívidas e desafios/Vinício de Macedo Santos; colaboração Eliane Maria Vani Ortega, José Joelson Pimentel de Almeida, Sueli Fanizzi. –
São Paulo: Cengage Learning, 2014. – (Coleção ideias em ação/ coordenadora Anna Maria Pessoa de Carvalho)

Bibliografia.
ISBN 978-85-221-1647-8

1. Matemática 2. Prática de ensino 3. Professores - Formação
I. Ortega, Eliane Maria Vani. II. Almeida, José Joelson Pimentel de. III. Fanizzi, Sueli. IV. Carvalho, Anna Maria Pessoa de. V. Título. VI. Série.

14-02809
CDD-510.7

Índice para catálogo sistemático:

1. Matemática: Estudo e ensino   510.7

Coleção Ideias em Ação

Ensino de Matemática na Escola de Nove Anos
Dúvidas, Dívidas e Desafios

Vinício de Macedo Santos

Colaboração

Eliane Maria Vani Ortega
José Joelson Pimentel de Almeida
Sueli Fanizzi

Coordenadora da Coleção
Anna Maria Pessoa de Carvalho

Austrália   Brasil   Japão   Coreia   México   Cingapura   Espanha   Reino Unido   Estados Unidos

Coleção Ideias em Ação
Ensino de Matemática na escola de nove anos – dúvidas, dívidas e desafios
Vinício de Macedo Santos

Eliane Maria Vani Ortega, José Joelson Pimentel de Almeida e Sueli Fanizzi (colaboradores)

Gerente editorial: Noelma Brocanelli

Editoras de desenvolvimento: Viviane Akemi Uemura e Salete Del Guerra

Supervisora de produção gráfica: Fabiana Alencar Albuquerque

Copidesque: Cristiane Mayumi Morinaga

Revisão: Rosângela Ramos da Silva e Raquel Benchimol Rosenthal

Diagramação: Triall Composição Editorial

Ilustrações: Weber Amendola

Capa: Ale Gustavo/Blenderhead Ideias Visuais

Imagem da capa: iQoncept/Shutterstock

Editora de direitos de aquisição e iconografia: Vivian Rosa

Pesquisa iconográfica: Ana Parra

Analista de conteúdo e pesquisa: Javier Muniain

© 2015 Cengage Learning Edições Ltda.

Todos os direitos reservados. Nenhuma parte deste livro poderá ser reproduzida, sejam quais forem os meios empregados, sem a permissão, por escrito, da Editora. Aos infratores aplicam-se as sanções previstas nos artigos 102, 104, 106, 107 da Lei nº 9.610, de 19 de fevereiro de 1998.

Esta editora empenhou-se em contatar os responsáveis pelos direitos autorais de todas as imagens e de outros materiais utilizados neste livro. Se porventura for constatada a omissão involuntária na identificação de algum deles, dispomo-nos a efetuar, futuramente, os possíveis acertos.

A Editora não se responsabiliza pelo funcionamento dos links contidos neste livro que possam estar suspensos.

Para informações sobre nossos produtos, entre em contato pelo telefone **0800 11 19 39**

Para permissão de uso de material desta obra, envie seu pedido para **direitosautorais@cengage.com**

© 2015 Cengage Learning. Todos os direitos reservados.

ISBN 13: 9 978-85-221-1647-8
ISBN 10: 85-221-1647-4

Cengage Learning
Condomínio E-Business Park
Rua Werner Siemens, 111 – Prédio 11 – Torre A – Conjunto 12
Lapa de Baixo – CEP 05069-900 – São Paulo –SP
Tel.: (11) 3665-9900 – Fax: 3665-9901
SAC: 0800 11 19 39

Para suas soluções de curso e aprendizado, visite **www.cengage.com.br**

Impresso no Brasil
Printed in Brazil
1 2 3   16 15 14

Apresentação

A "Coleção Ideias em Ação" nasceu do trabalho coletivo de professores do Departamento de Metodologia do Ensino da Faculdade de Educação da Universidade de São Paulo, que por vários anos vêm trabalhando nas disciplinas de Metodologia do Ensino nos cursos de Licenciatura e em projetos de formação continuada de professores.

Os livros da coleção são dedicados prioritariamente ao ensino dos conteúdos no Nível Fundamental e Médio – *Ensino de Arte, Ensino de Ciências, Ensino de Educação Física, Ensino de Física, Ensino de História, Ensino de Geografia, Ensino de Língua Inglesa, Ensino de Língua Portuguesa*. Apresentamos agora o novo livro, *Ensino de Matemática*, que tem por objetivo expor, problematizar e discutir alguns dos principais temas e questões do ensino desta disciplina da escola de nove anos.

As obras são dirigidas aos professores que estão em sala de aula, desenvolvendo trabalhos com seus alunos e influenciando novas gerações. Por conseguinte, as obras também têm como leitores os futuros professores nos cursos de Licenciatura e aqueles que planejam cursos de formação continuada para professores.

Cada um dos livros oferece ideias e soluções para embasar e subsidiar os processos e as práticas de ensino, visando uma educação de qualidade e procurando unir as demandas de formação e práticas docentes com as contribuições das pesquisas em Ensino de cada um dos conteúdos específicos abordados nos livros.

No livro *Ensino de Matemática na Escola de Nove Anos: dúvidas, dívidas e desafios* esse objetivo, de unir as demandas da escola fundamental com as contribuições das pesquisas na área de ensino de matemática, é uma tônica constante que está presente em todos os capítulos, tanto na primeira parte, escrita pelo professor da universidade, quanto na segunda parte, escrita por professores da escola básica. Além disso, esse grupo de professores/pesquisadores tem o compromisso de dar condições aos profissionais da área de se fazer ouvir e ampliar sua participação nas decisões e na definição de políticas educacionais para a escola de nove anos.

Anna Maria Pessoa de Carvalho

Agradecimentos

Agradeço a Ana Elisa Cronéis Zambon (Aninha) e Elenilton Vieira Godoy pelas leituras críticas que fizeram dos originais deste livro e pelas bem-vindas sugestões e a Diana Gama Santos pelas fotos que deram origem às ilustrações das páginas 142 a 146.

Sumário

Introdução XI

Parte 1

ENSINO DE MATEMÁTICA E ESCOLA FUNDAMENTAL DE NOVE ANOS 1

Capítulo 1   Características e desafios de uma nova
             realidade educacional 3

Capítulo 2   Indo além das crenças e mitos sobre ensinar
             e aprender matemática: a emergência de
             orientações inovadoras 11

Capítulo 3   Sobre crianças e sua relação com noções
             e situações da Matemática nos anos iniciais
             da escolarização 27

Capítulo 4   Ensinar e aprender Matemática no
             Ensino Fundamental 43

Capítulo 5   Sobre avaliações e avaliação em
             Matemática: *a Finlândia não é aqui!*............57

Parte 2
ENSINAR E APRENDER MATEMÁTICA NA ATUALIDADE: EXCERTOS DE ESTUDOS 73

Capítulo 6   Sobre a natureza do conhecimento matemático 75
             Eliane Maria Vani Ortega

Capítulo 7   Sobre situações e contextos 87
             José Joelson Pimentel de Almeida

Capítulo 8   Sobre interações nas aulas de Matemática 101
             Sueli Fanizzi

Parte 3
SITUAÇÕES PARA CONHECIMENTO, ANÁLISE E DISCUSSÃO...129

Capítulo 9   Provocações 131

Referências Bibliográficas............153

Introdução

Com o propósito de estabelecer um diálogo com professores e futuros professores de educação básica, assim como com formadores e futuros formadores de professores, este livro procura expor, problematizar e discutir alguns dos principais temas e questões relacionados ao ensino de Matemática na atualidade. Focalizamos, especialmente, aqueles que, por um lado, representam interesse, compromisso e desafios para a formação e atuação de professores de Matemática e, por outro, alguns que têm persistido como problemas e estão em vias de serem herdados pela Escola Fundamental de nove anos.

Embasar e subsidiar processos e práticas de formação inicial e continuada de professores de Matemática, visando sempre a qualificação positiva do ensino dessa área na escola contemporânea brasileira e conjugando demandas de formação e da prática docente com as contribuições oferecidas pela pesquisa em Educação Matemática, são compromissos essenciais dos profissionais da área. Mas também é seu o compromisso de se fazer ouvir e ampliar sua participação nas decisões e na definição de políticas educacionais de impacto para a instituição de uma escola básica forte, de qualidade, e para fazer avançar a pesquisa em Educação Matemática.

Assim, propomo-nos a discutir questões relacionadas com a Matemática e o seu ensino na educação básica, entendendo que tais questões exigem debate e a exposição de pontos de vista que possam oferecer suportes práticos e teóricos que beneficiem a prática docente nas aulas de Matemática.

A experiência de aprender e ensinar Matemática tem gerado, para os professores, questões das quais não lhes é possível escapar sem fazer algum tipo de reflexão: É importante ensinar Matemática? Com quais fins? Qual matemática? Uma matemática instrumental? Formativa? E tal ensino se dá com os mesmos objetivos e da mesma maneira independentemente do contexto social? Ou de qual seja a criança ou o adolescente? Quem são os alunos e quais os seus interesses? Por que muitos fracassam no processo de aprender Matemática? E os professores que ensinam Matemática? E os professores que ensinam Matemática? Qual formação inicial tiveram? Qual foi a formação simultânea ao seu exercício profissional? Em qual ou quais concepções de ensino e aprendizagem as práticas docentes se apoiam? Quais abordagens são feitas? Qual currículo orienta o trabalho do professor? Quais práticas de avaliação existem e com que propósito? Em que medida o fracasso do aluno em Matemática é também um fracasso do professor?

São questões como essas que inquietam pesquisadores e professores. O esforço em formulá-las cotidianamente e em buscar respostas ajuda a produzir e fundamentar certas mudanças no ensino que podem auxiliar a prática docente a se tornar interessante e mais significativa para os próprios professores, assim como a pensar os problemas que podem ser evitados na relação dos alunos com a Matemática.

Organização do livro

O livro contém textos que procuram refletir sobre vários aspectos que marcam os processos de formação e as práticas de professores de Matemática, especialmente do nível fundamental e, portanto, são pontos de interesse de formadores de professores, de futuros professores e de professores de Matemática do Ensino Fundamental (EF). Em cada texto pretende-se formular, expor e discutir pontos de vista, experiências e sínteses referenciados na literatura nacional e internacional disponíveis na área e que possam contribuir com a reflexão do

Introdução

leitor. Vale ressaltar que os textos aqui apresentados mesclam abordagens ora mais teóricas, ora mais instrumentais, uma vez que são produtos de experiências docentes na educação básica e de pesquisas na Universidade, e procuram expressar uma unidade correspondente àquela caracterizada na prática dos seus autores, qual seja o permanente exercício de conjugar ensino e pesquisa, prática e teoria.

Os capítulos estão organizados em três partes. As duas primeiras partes oferecem a oportunidade de leituras na ordem que o leitor preferir.

Na primeira parte do livro, constituída de cinco capítulos, procura-se caracterizar e discutir um conjunto de questões da prática docente e se referir aos fins de uma educação Matemática na escola básica e a múltiplos meios e instrumentos por meio dos quais essas finalidades podem ser alcançadas. Assim, fazem parte do rol de aspectos tratados:

- A herança da escola fundamental de oito anos (1ª a 8ª séries) e a transição, na atualidade, para a escola de nove anos (primeiro ao nono ano). Esse aspecto não se desvincula dos demais abordados neste livro, uma vez que a qualidade de uma escola se materializa, para além das normas que a instituem, por meio das ações cotidianas promovidas na escola, considerando-se as concepções, a formação e o bem fazer de cada sujeito da sua equipe.
- Os objetivos para o ensino da Matemática na educação básica, considerando-se algumas modalidades de projetos curriculares de diferentes ordens cujos princípios, objetivos e orientações são incorporados ao ideário dos professores que ensinam Matemática.
- Algumas concepções de abordagem e de avaliação de noções matemáticas na escola básica.

Na segunda parte, são apresentados alguns dos aspectos anteriormente abordados, mas considerando-se o ponto de vista de professores da educação básica ou da Universidade – Eliane Maria Vani Ortega, José Joelson Pimentel de Almeida e Sueli Fanizzi – que buscaram ampliar e enriquecer sua experiência com o aprofundamento de seus estudos por meio de um programa de pós-graduação. Trata-se de um pequeno painel de questões que marcaram seu interesse como docentes e como pesquisadores e que aqui são disponibilizados como testemunhos com o propósito de trocar ideias com professores que queiram discutir essas mesmas questões.

A terceira parte contém um conjunto de situações ilustrativas de algumas ideias abordadas nas duas primeiras partes, que tem a finalidade de provocar o leitor para fazer um exercício de análise e reflexão mobilizando elementos de sua experiência.

Ao fim do livro, é reunida a bibliografia utilizada pelo autor e pelos colaboradores na elaboração dos seus textos.

PARTE 1
ENSINO DE MATEMÁTICA
E ESCOLA FUNDAMENTAL DE NOVE ANOS

CAPÍTULO 1
Características e desafios de uma nova realidade educacional

Pensar e discutir sobre o ensino de Matemática e efetivamente praticá-lo na escola básica não se dissociam do permanente esforço de estabelecer uma sintonia entre ações educacionais e demandas da sociedade apresentadas à escola. Por essa razão, a atualidade, qualidade e força da escola, em cada época, podem ser aquilatadas pela forma como ela procura responder a uma escala de questões que dizem respeito à sua competência em atender tais demandas, no tempo presente.

A partir da Lei de Diretrizes e Bases de 1996 (LDB/1996),[1] a Educação Básica brasileira tem sido palco de inúmeras mudanças que vêm sendo gradualmente implantadas. São medidas que, por vezes, incorporam bandeiras de luta da sociedade para a educação, mas que, ao serem propostas e implementadas, acabam frustrando expectativas porque não são criadas as condições necessárias para tal implementação ou porque são medidas que se sobrepõem a outras que não foram plenamente realizadas, o que gera problemas novos, distorções que se somam àqueles que não foram resolvidos até então. Exemplos não

---

1. Lei nº 9.394, de 20 de dezembro de 1996, que estabelece as diretrizes e bases da educação nacional. Disponível em: <http://portal.mec.gov.br/arquivos/pdf/ldb.pdf>.

faltam: a organização do ensino na escola básica em séries e ciclos; a padronização que os processos avaliatórios nacionais e internacionais impõem e os seus efeitos, por vezes deletérios, sobre a prática pedagógica na educação básica[2]; a instituição e ampliação do período da escolarização obrigatória; a alteração da duração do Ensino Fundamental (EF) de oito para nove anos; as diretrizes e os referenciais para cursos de formação de professores que não levam em conta a ideia de integração do Ensino Fundamental e, em consequência, pouco impactam a enorme quantidade de cursos de licenciaturas realizados no país; e, por fim, o hiato existente entre a produção de propostas curriculares, pelo país afora, a formação e as práticas dos docentes.

Por representarem o centro de interesse da discussão proposta neste livro, as mudanças recentes a serem sublinhadas são:

1. aquelas que instituíram a obrigatoriedade do ensino dos 4 aos 17 anos de idade.[3]
2. a alteração do período do Ensino Fundamental para nove anos[4].

Essas duas mudanças tiveram e têm consequências significativas se considerarmos que a reforma postulada pela Lei nº 5.692/1971[5] pre-

---

2. A educação básica compreende a educação infantil, o ensino fundamental e o ensino médio.
3. A Emenda Constitucional n. 59 de 11 de novembro de 2009 dá nova redação aos incisos I e VII do artigo 208 da Constituição Federal estabelecendo como dever do Estado garantir a educação básica obrigatória e gratuita dos 4 aos 17 anos de idade, assegurando também a gratuidade a todos aqueles que não tiveram acesso a ela na idade apropriada.
4. Lei federal nº 11.274, de 6 de fevereiro de 2006, que altera a redação dos arts. 29, 30, 32 e 87 da Lei nº 9.394, de 20 de dezembro de 1996, que estabelece as diretrizes e bases da educação nacional, dispondo sobre a duração de nove anos para o Ensino Fundamental. Disponível em: <http://www.planalto.gov.br/ccivil_03/_Ato2004-2006/2006/Lei/L11274.htm>.
5. Lei nº 5.692, de 11 de agosto de 1971, fixou diretrizes e base para o ensino de 1º e 2º graus e dá outras providências (disponível em: <http://www.planalto.gov.br/ccivil_03/leis/l5692.htm>). Segundo o seu art. 18 do Capítulo II: "o ensino de 1º grau terá a duração de oito anos letivos...". A Lei nº 5.692/1971 foi revogada pela Lei de Diretrizes e Bases nº 9.394/1996.

CAPÍTULO 1   Características e desafios de uma nova realidade educacional

via a unificação do Ensino Fundamental em oito anos e, a essa altura, pode-se questionar como essa unificação foi compreendida e efetivada.

Apesar da reforma de 1971, não foram dadas as condições necessárias para prever a organização do ensino considerando-se os oito anos como um período contínuo de trânsito e vivências do aluno nas diferentes áreas do conhecimento, nas diferentes séries, sem sobressaltos ou rupturas drásticas, o que inclui a organização da estrutura escolar e a adequação dos currículos, o investimento na formação inicial e continuada dos professores, práticas pedagógicas diversificadas, integradas e formas de avaliação adequadas para enfrentar a multirrepetência, o fracasso e a exclusão escolar.

Nas práticas escolares, entretanto, continuaram existindo dois níveis de escolarização, seriados (1ª a 4ª séries e 5ª a 8ª séries), por sua vez justapostos ao Ensino Médio, com pontos de estrangulamento na passagem de um nível ao outro, pois a cada nível correspondia uma categoria de professores cuja formação inicial ocorria e continuou ocorrendo de maneira distinta, supostamente adequada a cada nível, mas desarticulada em instituições públicas ou privadas com diferentes vocações. No espaço da escola, a coexistência dessas categorias de profissionais, embora situada no mesmo espaço físico, dava-se sem diálogo entre professores de níveis ou de disciplinas diferentes, até mesmo entre professores de um mesmo nível, sendo mais visível a separação e falta de comunicação entre professores polivalentes e especialistas. A unidade nas práticas pedagógicas levadas a cabo ocorria de maneira às avessas, no nosso modo de ver, pela reiteração e indiferenciação na seleção dos conteúdos, na orientação metodológica, nos modos de avaliar nas diferentes séries e também pelos já mencionados silêncio e isolamento ainda fortes entre segmentos de professores no que dizia respeito ao trabalho com as áreas de conhecimento e a variedade de conexões intra e interdisciplinas possíveis de serem estabelecidas.

Mesmo em relação à Educação Infantil, cabe reforçar que as práticas escolares insistiam e têm insistido – por convicção ou por não conseguirem evitar (possivelmente por não saberem como) – em submeter as crianças pequenas a um ritual de escolarização único, precoce, que as consideram de modo indiferenciado do ponto de vista etário, sem enxergar a multiplicidade de formas de infância e as singularidades dessas crianças dentro da escola. A instituição da obrigatoriedade do ensino a partir de um marco etário (seja o de quatro ou de seis anos) não representa, portanto, a decretação de uma forma única de inserção dos alunos na vida escolar.

Embora as mudanças sugeridas nessas reformas tenham características inovadoras, reparando distorções e até mesmo injustiças sociais por seu caráter inclusivo (ampliação do direito de todas as crianças brasileiras à educação) e obrigatório, acumularam-se alguns problemas que tendem a se agravar considerando-se que a realidade da escola de nove anos agora inclui a criança de seis anos e que a obrigatoriedade do ensino passa a ser para as crianças a partir dos quatro anos de idade.

1. Apesar das diferenças de natureza entre Educação Infantil e Ensino Fundamental previstas na lei, cabe insistir que, no espaço físico das instituições escolares, em relação ao trabalho com a Matemática, se verifica, em livros, programas e rotinas de aulas, um tratamento indiferenciado no qual as crianças são tomadas como sujeitos de uma escolarização precoce e única. Isso quando, na realidade, aquelas crianças que agora estão no primeiro ano do Ensino Fundamental são as mesmas que antes estavam no último ano da Educação Infantil e, portanto, o seu deslocamento para o primeiro ano da escola de nove anos não significa uma antecipação, para as classes desse ano, do currículo e metas estabelecidos para a antiga primeira série do Ensino Fundamental. E, por razões que inspiram maiores cuidados e atenção, isso não pode acontecer com as crianças a partir dos quatro anos porque a obrigatoriedade do ensino foi antecipada. Em resumo, a antecipação da obrigatoriedade do ensino e a inclusão dos alunos de seis anos no primeiro ano do Ensino Fundamental não são sinônimos de antecipação de um modelo de escolarização antes aplicado a alunos da primeira série. Ao

contrário, esse modelo de escolarização é que precisa ser revisto e adequado à realidade dos alunos.
2. O fato de a formação inicial superior do professor de educação infantil e do professor dos anos iniciais do Ensino Fundamental ocorrer com o mesmo tipo de curso (Pedagogia) não tem assegurado critérios para um trabalho diferenciado com as crianças de acordo com sua idade e interesses. Tendo o professor da Educação Infantil e dos anos iniciais do Ensino Fundamental o mesmo tipo de formação, não há garantia nenhuma de que a transição para os alunos de um nível ao outro, ou de um ano escolar para o seguinte, seja menos conflituosa do que a transição dos alunos entre dois níveis que requerem formação diferenciada dos seus professores.
3. Essa dinâmica desconfortável e perturbadora, numa escala diferente, é reproduzida nas transições dos alunos dos anos iniciais para os anos finais do Ensino Fundamental, dos alunos dos anos finais do Ensino Fundamental para o Ensino Médio (no qual o professor pode ser o mesmo ou ter a mesma formação) e dos alunos do Ensino Médio para o Ensino Superior. Verifica-se a perpetuação de uma lógica de fragmentação na cadeia da escolarização vivida pelos alunos, bem como nos cursos de formação de professores. Por não ser problematizada como deveria, tal lógica é alimentada, precoce e indevidamente, estendendo-se por toda a educação básica por uma série de dispositivos instalados em cada ano ou em cada nível da escolarização.

Assim, se as medidas legais que aumentam um ano no Ensino Fundamental ou que estabelecem o marco inicial da escolarização representam uma mudança de atitude do Estado para com as crianças pequenas, procurando assegurar o seu acesso à escola, sobretudo o acesso das crianças das classes populares, elas requerem, ao mesmo tempo, uma gestão pedagógica cuidadosa porque, efetivamente, há o embate entre duas lógicas que passam a coexistir no mesmo espaço físico e temporal: as lógicas da Educação Infantil e do Ensino Fundamental.

Gera-se aí uma tensão que se soma a outras criadas com a unificação da escola de oito anos que, depois de quatro décadas da sua implantação, de alguns esforços de reorganização curricular, da organização do ensino em ciclos e de recomposição das modalidades de formação docente, permanece sem ter desfeita a separação entre os antigos curso primário e curso ginasial, correspondentes hoje, respectivamente, ao segmento das séries iniciais e ao segmento das séries finais do Ensino Fundamental. Essa separação é reiterada pela denominação de ciclo I e ciclo II ou Ensino Fundamental I e Ensino Fundamental II comumente usada no meio educacional.

A aposta nessas mudanças do ponto de vista do Estado é discutida em Marcello e Bujes (2011):

> [...] a iniciativa de ampliação do tempo de escolarização para as crianças que hoje ingressam no ensino fundamental não apenas redundaria em maiores oportunidades de convívio para aprender e em aprendizagens mais amplas, mas seria ela própria o ícone de um movimento de requalificação da escola brasileira que estaria se reconfigurando por meio dessa reestruturação. (p. 62)

Uma sensibilidade nos processos de escolarização instituídos nos níveis de ensino para que essas oportunidades preconizadas ocorram não está dada, não havendo, portanto, garantia de que ocorra, como esperado, uma indução positiva das medidas propostas sobre as práticas escolares. Na falta de investimentos e políticas complementares que criem condições necessárias (aprimoramento da formação docente, integração entre níveis de ensino e disciplinas, qualificação de profissionais da educação para a inclusão, produção de recursos didáticos adequados etc.) para viabilizar a reestruturação da escola e a ampliação das oportunidades de convívio e aprendizagem para os alunos, há o risco de ocorrer o contrário: a sujeição dos propósitos inovadores aos já instituídos.

Em síntese, do que foi exposto, considera-se que, ao contrário do que possa parecer, num primeiro momento, o problema reside no tratamento indiferenciado de sujeitos diferentes, motivado pela ideia de que a inclusão e a unidade se dão pela antecipação e generalização de práticas escolarizadas consideradas legítimas e tomadas como padrão, ou porque as mudanças não foram suficientemente problematizadas, debatidas e assimiladas. Como o problema aqui discutido não teve início no momento em que é instituída a escola de nove anos, reafirma-se a ideia de que se trata de uma dívida antiga transferida para a nova realidade e que continuará a desafiar professores, formadores de professores, educadores (matemáticos) em geral e gestores dos órgãos públicos da educação.

No caso do ensino de Matemática – em que pesem as contribuições e inovações que a pesquisa em Educação Matemática tem produzido –, em relação às ênfases dadas ao tratamento de noções matemáticas nas práticas pedagógicas, nos diferentes níveis de ensino, a comunidade de educadores matemáticos contrai agora uma parcela significativa dessa dívida em relação à escola de nove anos que está se sobrepondo àquela contraída no processo de implantação da escola de oito anos e que, até hoje, não foi saldada. Ou seja, o tratamento do conteúdo e aplicação de metodologias, recursos didáticos e avaliações que não respeitam diferenças etárias, ritmos e estilos cognitivos dos alunos têm sido uma das principais causas da fragmentação aludida, da falta de sentido do conhecimento e dos processos matemáticos que, aos olhos dos alunos e ao longo do tempo, têm tido como consequência o precoce desinteresse e o acúmulo de dificuldades desses alunos na sua relação com a Matemática. Nas circunstâncias atuais permanece e é reforçada a necessidade de que a atenção dos formuladores de currículo, dos gestores de políticas e dos gestores de escolas, dos educadores matemáticos, dos elaboradores de recursos didáticos diversos volte-se para a efetiva realização de um ensino articulado, acessível a todos os alunos (ensino e aprendizagem tomados como direitos constitucionais). Consideramos que tal propósito se sustenta no diálogo entre professores que ensinam Matemática e destes com os que ensinam outras disciplinas, entre professores de um mesmo nível escolar ou de níveis diferentes e, ainda, no diálogo entre comunidades de especialistas de diferentes áreas de ensino e pesquisa. Essas são, ao nosso juízo, condições imprescindíveis à consolidação da escola de nove anos como projeto que compreende não só o objetivo de incluir e fornecer a possibilidade de acesso dos alunos às práticas escolares, mas o de assegurar condições necessárias para sua permanência bem-sucedida na escola.

CAPÍTULO 2
Indo além das crenças e mitos sobre ensinar e aprender matemática: a emergência de orientações inovadoras

Do mesmo modo que vigora a ideia de que experiências negativas de um grande contingente de alunos na escola estão associadas ao ensino de Matemática, há inúmeras pesquisas indicando que as crenças dos estudantes constituem um fator fortemente determinante nas suas aprendizagens, nas suas noções em um dado domínio. Entre essas pesquisas há aquelas que consideram que as crenças de pessoas em relação ao que é a Matemática influenciam a sua predisposição (resultando, frequentemente, mais negativa do que positiva) em relação ao ensino na área, marcando profundamente sua aprendizagem (De Corte e Verschaffel, 2008).

As ideias que revestem o ensino de Matemática de uma aura nebulosa que muito tem ajudado a sedimentar dificuldades dos alunos e contribuído para a preservação de uma imagem cercada de crenças e mitos já foram amplamente documentadas e discutidas. Não é o caso de aqui enumerá-las mais uma vez, mas trata-se de reunir um conjunto de princípios e orientações também amplamente discutidos, porém praticados ainda com reservas, que possam desenhar um campo de ideias no qual se situe o ensino de Matemática adequado à diversa realidade escolar brasileira contemporânea. Isso significa um ensino que destitua a Matemática de um caráter de conhecimento difícil, inacessível, à grande maioria dos estudantes e que potencialize e desenvolva capacidades que todos os alunos tenham ou possam desenvolver em contraposição à perspectiva que invista preferencialmente naqueles alunos com maior predisposição a aprender Matemática e que, por diferentes razões, já conseguem se destacar entre todos. Assim, faz parte da atividade do professor, além de dotar de significado e tornar compreensível noções matemáticas ensinadas na escola elementar, o trabalho adicional de desconstruir mitos e crenças sobre a Matemática e sobre ensinar e aprender noções nessa área.

Nesse aspecto, a produção dos educadores matemáticos desenvolvida nos diferentes países, especialmente a partir dos anos 1980, apresenta inegável avanço e subsídios produtivos concernentes a ideias, recursos, instrumentos e técnicas que podem e vêm sendo mobilizados, retroalimentando as práticas de pesquisa em Educação Matemática e as práticas pedagógicas nas salas de aulas. Sob diferentes perspectivas teórico-metodológicas, o conhecimento disponível e que pode ser acessível aos programas de pesquisa e de formação constituem um campo de ideias no qual são referenciadas ações nos terrenos da pesquisa, das orientações curriculares, da produção de recursos didático-pedagógicos e das práticas em sala de aula voltadas para o ensino de Matemática nos vários níveis da formação escolar. Esse campo de ideias é um produto coletivo com distintas origens, mas articulado pelos incontáveis movimentos de trocas promovidos pela via do debate acadêmico-científico, do intercâmbio institucionalizado em eventos, de publicações impressas ou digitalizadas, cursos e ações em instituições acadêmicas e de gestão pública. Mas, também, pela via informal promovida pela enorme gama de interessados nesse mesmo objeto, por meio de movimentos de buscas individuais, pela articulação de múltiplas redes de pares, fortalecidas na atualidade pela potência e alcance que demonstram ter a internet e as redes sociais.

CAPÍTULO 2   Indo além das crenças e mitos sobre ensinar e aprender matemática

Dessa produção, com a qual dialogamos neste livro e da qual, por concordância, abordamos alguns fundamentos e princípios, destaca-se um traço característico que representa inovação importante. Trata-se do questionamento e ruptura com concepções que não só dissociam como opõem conteúdos e métodos, conteúdos e contextos, dimensão utilitária e formativa da Matemática, Matemática do cotidiano e Matemática formal, manipulação de artefatos materiais e abstração etc. Tais questionamentos e rupturas refletem inúmeras questões que cotidianamente são objeto de interesse e discussão dos professores e levam em conta todos os tipos de diferenças entre os alunos que na atualidade estão na escola, independentemente de quais sejam a escola e o nível de ensino.

A "competência matemática" em discussão

Quais são os objetivos de uma formação em Matemática do aluno da educação básica? As competências são, em si, objetivos? Um objetivo pode desenvolver certas competências?

O termo **competência**, num primeiro momento, parece significar **objetivo**, dada a argumentação corriqueiramente mobilizada no uso indiscriminado de ambos os termos. No entanto, a recente e forte presença do termo competência no campo educacional tem sido acompanhada de um debate que procura justificar que a noção de competência inova, em relação à noção de objetivo, contemplando aspectos diversos simultaneamente desenvolvidos que não vinham sendo contemplados no discurso educacional e na produção curricular dos diferentes países.

Cabe dizer que o termo competência, conforme Invernizzi (2001), remonta suas origens ao movimento norte-americano "pedagogia baseada no desempenho" dos anos 1960, além de fazer parte das matrizes teóricas da Linguística e da Psicologia da Educação.

> A partir do início da década de 1990 o termo *competência* vem ganhando forte peso frente ao termo *qualificação* para designar o tipo de conhecimentos, habilidades e atitudes demandados nos processos produtivos denominados pós-fordistas ou flexíveis. O encontramos assumindo diferentes versões em trabalhos acadêmicos, nos discursos sindicais e empresariais e em propostas curriculares. (p. 116).

Ferrero (2005) situa a discussão no contexto das mudanças sociais e da rápida multiplicação do conhecimento que alcançam a educação e se traduzem em orientações curriculares e parâmetros de avaliação numa perspectiva de internacionalização capitaneadas por organismos internacionais como a OCDE[1] e o Banco Mundial.

> Atualmente, o interesse está direcionado na aquisição de *competências*, mais que em conhecimento. Nesse sentido, as reformas curriculares tendem em todas as partes, inclusive no México, a formular-se em termos de competências, sem que exista uma definição clara do que se entende por isso, além de um conjunto – que se supõe articulado – de conhecimentos, habilidades e destrezas, capazes de serem transferidos a contextos diferentes daqueles realizados no aprendizado. Por que a troca de prioridade dos programas centrados em conteúdos para programas centrados em competências? (p. 37)

A autora credita essa mudança à acelerada multiplicação da produção do conhecimento científico e tecnológico no final do século XX e a sua rápida expansão permitida pelos meios eletrônicos, "ficando evidente que nenhum sistema educativo – ainda mais no nível da educação básica – pode oferecer a seus alunos um conhecimento atualizado". 'Aprender a aprender' converteu-se num *leitmotiv*".[2] (p. 38)

Roegiers (2011), envolvido no debate sobre currículo, afirma que a competência é a possibilidade de um indivíduo mobilizar de maneira interiorizada e refletida um conjunto integrado de recursos em vista de fazer frente a toda situação pertencente a uma família de situações. Na perspectiva curricular desse autor, a competência significa aquilo que um aluno é capaz de realizar concretamente, em termos de tarefas complexas, de resolução de problemas ou de produção de uma reflexão contextualizada, ao fim de um ciclo ou de um ano, numa disciplina ou em um domínio disciplinar dado.

---

1. Organização de Cooperação para o Desenvolvimento Econômico.
2. Entre os vários significados do termo *leitmotiv* encontram-se: o motivo condutor, uma razão preferida, tema principal, assunto que se repete no decorrer de uma obra literária, musical ou de um discurso.

CAPÍTULO 2 Indo além das crenças e mitos sobre ensinar e aprender matemática

Marcoux (2012, p. 37) discute formulações sobre o termo competência desde que essa noção apareceu no mundo escolar e apresenta o que é um consenso alcançado e caracterizado em documentos oficiais franceses:

- uma competência repousa sobre a mobilização, a integração e uma rede diversificada de recursos: os recursos internos próprios do indivíduo, seus conhecimentos, capacidades, habilidades, mas também recursos externos mobilizáveis no ambiente do sujeito (outras pessoas, documentos, ferramentas informáticas etc.);
- essa mobilização de recursos se efetua em uma situação dada com o objetivo de agir: a competência é necessariamente situada; desde que seja exercida em uma variedade de situações, através de um processo de adaptação e não somente de reprodução de mecanismos.

De acordo com o que dizem De Corte e Verschaffel (2008), as pesquisas realizadas nos últimos 30 anos têm chegado a um amplo consenso sobre o que é a competência em Matemática. Verifica-se que há uma espécie de acordo, por vezes tácito, que emerge de pesquisas, currículos e práticas pedagógicas, sobre a ideia de que para serem competentes em Matemática os estudantes precisam desenvolver um raciocínio que requer a coordenação de cinco categorias de ferramentas cognitivas, como sintetizadas no texto destes autores:

1. *uma base de conhecimentos do domínio específico* acessíveis e organizados de modo coerente e flexível; essa base de conhecimentos compreende os fatos, os símbolos, os algoritmos, os conceitos e as regras que constituem o quadro de conteúdos de Matemática enquanto disciplina;
2. *as heurísticas*, isto é, as estratégias de pesquisa em situações-problema, as quais não garantem mas aumentam significativamente a probabilidade de encontrar a solução correta, caso elas induzam uma abordagem sistemática da tarefa;
3. *os conhecimentos metacognitivos*, por meio dos quais se pode distinguir os conhecimentos próprios ao seu funcionamento cognitivo (conhecimentos metacognitivos propriamente ditos) e os conhecimentos relativos às suas motivações e emoções;

4. *as estratégias de autorregulação*, que implicam a integração de estratégias em processos cognitivos e outras em processos conativos (autorregulação pela motivação ou vontade);
5. *as crenças associadas à Matemática*, entre as quais se distinguem três categorias: as crenças dos sujeitos sobre si mesmos em relação à aprendizagem e à resolução de problemas matemáticos; as crenças a propósito do contexto social no qual as atividades matemáticas acontecem e, enfim, as crenças sobre a Matemática em si, bem como as relativas à resolução de problemas e à aprendizagem Matemática.[3] (p. 28)

As considerações desses autores nos remetem à ideia de Roegiers (2011) para delimitarmos o sentido de "competência matemática". O autor diz que uma competência não é nem uma simplificação nem uma transformação da disciplina, pelo contrário, a competência deve refletir o espírito da disciplina. E isso não quer dizer apenas desenvolver os conteúdos da disciplina, mas refletir a sua abordagem. Na realidade, para esse autor, os campos disciplinares e as disciplinas em particular se caracterizam principalmente pela abordagem, pelo seu processo. Por exemplo, esse processo, abordagem da Matemática, é a resolução de problema. Fazer Matemática é resolver problema!

Para além da variação e provisoriedade dos termos usados para caracterizar os fins do ensino nas diferentes áreas, o debate tem proporcionado o aprimoramento das ideias no campo educacional.

O currículo e o ensino de matemática

Para Roegiers (2011), o termo currículo designa o conjunto de elementos relativos ao percurso de formação do aluno. Compreende não somente os componentes tradicionais do programa de estudos (finalidades, conteúdos etc.), mas dá, igualmente, as indicações relativas ao perfil de saída do aluno, às modalidades pedagógicas, à natureza do material pedagógico ou ainda aos dispositivos de avaliação formativo e certificativo.

---
3. Tradução livre do autor.

CAPÍTULO 2 Indo além das crenças e mitos sobre ensinar e aprender matemática

O currículo tem assumido um caráter de entidade abstrata sem o qual o ensino não se realiza; entretanto, os diversos significados e modalidades (prescrito, oficial, tácito, oculto etc.) mobilizados demonstram que a realização do ensino resulta da conjugação de diversas variáveis mediadas pela concepção que o professor assume. Têm sido recorrentes, em diferentes momentos da história recente da educação brasileira, as tentativas de prescrever orientações curriculares oficiais como a versão legítima do currículo a ser executado, mesmo que os professores não reconheçam nelas ideias e propostas com as quais concordem ou não tenham se envolvido no processo de discussão e elaboração de tais orientações – em geral, capitaneadas, pelos órgãos públicos da educação. Essa prática não invalida a necessidade de um amplo debate nos processos de elaboração de currículos oficiais nem a necessidade de elaborar parâmetros, referenciais e propostas curriculares.

O ensino praticado é, em última análise, a resultante de uma versão curricular assumida pelo professor individualmente ou pelo corpo de professores e a equipe pedagógica da escola, se esta é tomada como projeto discutido e orientado de comum acordo. Isso significa que a legitimidade do currículo como elemento constitutivo do sistema de ensino se dá graças à presença ativa e autônoma do professor, cuja ação está longe de se reduzir à aplicação pura e simples de um currículo prescrito pelos organismos oficiais da educação, transposto em mídias ou materiais didáticos diversos. Compreende-se melhor esse ponto examinando-se a própria natureza da formação inicial e continuada dos professores que são, ou deveriam ser, oportunidades nas quais são mobilizados saberes e experiências diversos – envolvendo diferentes dimensões do conhecimento matemático, do conhecimento sobre o conhecimento matemático, da realidade escolar dos alunos, dos currículos, da ética docente e da metodologia do ensino de Matemática. O papel do professor de Matemática compreende, portanto, posicionamento crítico, uma síntese pessoal em relação a esses elementos e dimensões do saber e tomadas de decisões que governam sua prática pedagógica. Esses elementos constituem uma espécie de patrimônio que configura o que podemos chamar de a plataforma de ação profissional do professor ou futuro professor de Matemática, o currículo de Matemática como ele o concebe e como o realiza.

Nossa prática, como professores, é orientada por um repertório de ideias, conceitos, concepções e orientações que foram sendo adquiridas, construídas ao longo da experiência de vida, no curso da nossa formação escolar e profissional, assim como durante o exercício profissional, no cotidiano das aulas, na interação com outros colegas, no contato com os alunos. Essa "bagagem" constitui a base que nutre e configuram o que podemos denominar como projeto curricular do professor.

Advoga-se neste livro que a relação do docente com o currículo oficial é profícua quando há identificação com as orientações – porque foram discutidas com os professores, cada um reconhecendo-se nos fundamentos, nos objetivos, nas orientações didáticas dessa modalidade de currículo, de acordo com ideias que são suas ou parecidas com as suas e nas quais pode se apoiar no momento de fazer o seu planejamento e durante o trabalho de sala de aula. Tal relação não pode ser de sujeição às prescrições, seja dos currículos oficiais ou dos livros didáticos. O fato de os órgãos oficiais (dos municípios, estados ou do País) produzirem documentos curriculares, a despeito de uma cultura de elaboração de currículos no País que restringe os processos de discussão e participação direta na sua elaboração a pequenas equipes técnicas, representa um elemento adicional ao trabalho do professor se visto sob a óptica de que os professores são sujeitos ativos do ensino que ministram.

Também é possível que, no âmbito local, em uma escola ou em grupos de escolas, os sujeitos se mobilizem no sentido da construção e desenvolvimento de um projeto curricular próprio como plataforma de trabalho de uma equipe que pode ter se envolvido mais diretamente nessa construção.

A relação entre esses níveis de formulações de projetos curriculares – o geral (oficial), o local (de uma escola ou grupos de escolas) e o individual do professor – em que o professor é o sujeito principal, da

CAPÍTULO 2   Indo além das crenças e mitos sobre ensinar e aprender matemática

leitura, da reflexão e da articulação das ideias veiculadas nesses diferentes tipos de projetos, questionando, ajustando ou validando o seu próprio projeto, é condição para que o currículo efetivamente praticado pelo professor na sala de aula seja frutífero e, consequentemente, que o ensino tenha vitalidade.

Contexto social e matematização na escola

A aprendizagem e o ensino estão impregnados das condições do contexto em que se realizam e isto permite-nos concordar com autores tais como Lave e Wenger (1991) e Garcia Blanco (2000), para quem a aprendizagem e o ensino transcendem uma dimensão meramente individual e cognitiva, mas configuram-se como práticas sociais.

A noção de contexto é abrangente, tendo significados diferentes conforme a abordagem. Por isso, é adequado falar em contextos, que podem referir-se ao ambiente *micro*, *meso* e *macro*[4] social em que o sujeito está imerso. Podem também referir-se a um conjunto de referências, significados e questões mobilizadas pelo sujeito para

---

4. A noção de micro, meso e macrocontextos aqui adotada estabelece, de modo proposital, paralelo com a abordagem de Higueras (2001) sobre os três tamanhos de espaço denominados por Brousseau (1983) e Gálvez (1985) de *microespaço, mesoespaço* e *macroespaço*. O *microespaço* seria o espaço das interações ligadas à manipulação dos objetos pequenos; o *mesoespaço*, o espaço dos deslocamentos do sujeito, é o espaço que contém um imóvel, que pode ser percorrido por um sujeito, tanto no interior como no exterior; o *macroespaço* seria o espaço para aquilo que o sujeito não pode, com os meios normais, obter uma visão global simultânea (nele são consideradas três categorias: urbano, rural e marítima) (Higueras, 2001). De outro ponto de vista, Alsina, Burgués e Fortuny (1995), na abordagem que dão à relação entre a geometria e a natureza, consideram quatro tamanhos, acrescentando aos três primeiros o *cosmoespaço*. Para esses autores, o *microespaço* é o que corresponde à geometria com o uso do microscópio. As atividades próprias são as de criação de modelos teóricos. É o âmbito de estudo das estruturas microscópicas: moléculas, vírus, células etc. O *mesoespaço* é o espaço dos objetos que podem se deslocar sobre a mesa. Permite efetuar manualmente explorações geométricas e transformações. Corresponde ao estudo de rochas, plantas, flores etc. O *macroespaço* corresponde aos objetos de 0,5 a 50 vezes o tamanho do sujeito e podem-se efetuar representações gráficas. É o âmbito dos trabalhos de campo, cortes topográficos etc. O âmbito do *cosmoespaço* corresponde aos fenômenos ecológicos, geográficos, topográficos e astronômicos.

orientar sua ação, quer uma ação física, quer uma ação intelectual, em qualquer um desses ambientes. O contexto sociocultural, numa abordagem histórico-cultural, é compreendido como aquele que é acessível ao indivíduo por meio da sua interação social com outros membros da sociedade, que conhecem melhor as destrezas, os instrumentos intelectuais e culturais constituídos social e historicamente.

A noção de contexto é ampla, portanto, compreendendo não só a atividade, a situação problema, a aula de Matemática, a escola ou o entorno social. Lacasa (1994) diz que o contexto pressupõe uma certa relação entre os objetos e o seu entorno, que não apenas o físico. Para essa autora, os alunos e os demais envolvidos no dia a dia escolar são mais que espectadores e o contexto está ligado às relações sociais estabelecidas. No cotidiano extraescolar as relações sociais estabelecidas produzem, nos sujeitos ativos, representações e formas que repercutem na escola e na sala de aula. Para Abreu (1995), Sá (1996), entre outros, a teoria das representações sociais preconiza a compreensão da forma como o conhecimento é representado na sociedade e compartilhado pelos seus membros. As representações ou crenças sociais devem ser entendidas como uma forma particular de conhecimento que tem uma gênese e uma expressão social, bem como uma função prática da indução de atitudes. Concebe-se a representação social como uma estrutura dinâmica, como um sistema de valores, ideias e práticas que estabelecem uma ordem que permite ao sujeito orientar-se e proporciona aos indivíduos um código de comunicação que se manifesta nos contextos em que transita (Gómez-Chacón, 1998).

O mundo sensível, o tangível e o "real" na relação com a Matemática

A ideia geral que tem norteado alguns estudos recentemente realizados, como os de Santos e Trabal (2011), Trabal e Santos (2012), e que se somam a muitos outros na área da Educação Matemática e da Educação, refere-se ao objetivo de analisar, numa perspectiva sociológica, a forma como o mundo sensível, físico e social – o que se pode denominar como *real* – se relaciona com o ensino da Matemática. Trata-se de considerar e vasculhar por um lado a tensão entre a vontade, muitas vezes pre-

CAPÍTULO 2   Indo além das crenças e mitos sobre ensinar e aprender matemática

sente na história da Matemática, de romper com o mundo sensível (sejam trabalhos que fazem referência a Platão ou aqueles que fazem referência a alguma concepção formalista) e, por outro lado, a necessidade de fazer eco, de uma forma ou de outra, às preocupações dos alunos, a sua história de vida, aos seus projetos, às suas experiências que estão amplamente inscritas no mundo sensível (Santos e Trabal, 2009).

Para avançar nessa reflexão e oferecer elementos para que, nas orientações curriculares e na prática efetiva do professor na aula de Matemática, o real seja contemplado, é necessário um exame analítico de todo tipo de materiais e recursos utilizados no ensino. Por isso, têm sido importantes os estudos que focalizam a presença de marcas desse real e formas de matematizar situações reais em currículos e textos oficiais (que reforçam a utilidade social da Matemática), em livros didáticos, verificando quais elementos (exemplos, atividades, contextos, ilustrações, linguagem) são colocados em jogo na introdução de um conceito em cada ano/série e nas situações apresentadas, nas práticas dos professores e nas argumentações e estratégias utilizadas pelos alunos na resolução de problemas e nas interações na sala de aula.

Aluna: *Professora, sempre se põe essa cruz ao somar?*
Professora: *Mulher... aqui costumamos por sempre esse signo, uma cruz ...*[5]

O real é aqui tomado com o mesmo sentido de tangível, de mundo sensível, aquilo que percebemos de modo direto, o que faz parte da experiência de cada um ou da cultura da sociedade de que fazemos parte, conforme Douek (2003) e Trabal (1997).

Assim, do nosso ponto de vista, o sensível e o tangível na relação dos alunos com a Matemática caracterizam-se – com base na reflexão sobre discursos e práticas docentes, nos estudos voltados para a análise de cursos, em currículos e programas e em livros didáticos da área – em três dimensões principais que estão associadas à sua natureza e frequência e

---

5. Tradução livre do autor do diálogo entre uma aluna muçulmana e sua professora numa aula para alunos imigrantes de séries iniciais, conforme é citado em: Miró (2007, p. 17).

cuja emergência, formas de manifestação para cada sujeito estão muito mais determinadas pela experiência escolarizada (ou não) e pela história de cada um do que pelo crivo rígido de faixas etárias ou por estágios pre-estabelecidos de desenvolvimento. São elas: 1) *o real imediato*: refere-se a situações do cotidiano, do contexto próximo ou do microcontexto; aquele que diz respeito ao sujeito e ao ambiente em que se insere, podendo ser: a sala de aula, o lar, a escola, a cidade, valores e crenças do sujeito etc.; 2) *o real mediato*: refere-se a situações que transcendam o ambiente próximo do sujeito, palpáveis ou não, que são do micro, meso ou macrocontex-tos: o exterior, contextos conexos aos do sujeito, mas diferentes destes: o mundo, o planeta, o universo cósmico ou mesmo o universo microscópi-co; e 3) *o real pensado/hipotetizado*: relativo a experiências que evidenciam curiosidades, especulações, inferências e levam a indagações, reflexões teóricas e generalizações baseadas num encadeamento consistente de ideias. Tais aspectos, que podem ser validados ou redimensionados – uma vez que se referem a escalas diferentes de universos e contextos, cujas fronteiras são flexíveis e difíceis de serem demarcadas –, levam em con-sideração um arco de manifestações possíveis para um mesmo sujeito, muitas vezes ao mesmo tempo, que não autoriza uma separação e opo-sição ostensivas entre concreto e abstrato, entre empírico e teórico, entre particular e geral como elementos que se sucedem numa linha temporal gradativa e que são mutuamente excludentes. Para um mesmo aluno, seja ele do ano A, B, C ou D, do nível X, Y ou Z de ensino, uma ativida-de da sala de aula ou uma situação da cena cotidiana podem mobilizar noções matemáticas relacionadas ao universo das compras e vendas, dos meios de transportes, do mundo esportivo ou televisivo, das medidas e do cálculo de porcentagens, do espaço físico, geométrico ou geográfico nas suas diferentes dimensões e tamanhos (*real imediato* e *real mediato*) ou, com base nesses contextos mencionados, de uma motivação cognitiva/ intelectual pode-se gerar uma indagação, uma hipótese, uma questão ou reflexão que remetam à necessidade de realizar pesquisas, de lançar mão de modelos matemáticos mais complexos ou a uma formulação teórica mais elaborada (*real pensado/hipotetizado*).

Ainda sob a perspectiva de estudos que dão suporte ao pon-to de vista aqui sustentado, considera-se como hipótese que há uma profunda ambivalência de todos os atores envolvidos no ensino de Matemática na sua relação com o mundo sensível: há uma propensão a pensar que a atividade matemática deve afastar-se de qualquer marca significativa no mundo, de qualquer domínio da experiência; há uma certeza de que a Matemática é útil no mundo e deve ser ensinada a todos e que há uma relutância em aceitar o trabalho de matematização da realidade, em geral confiada à Matemática Aplicada, à Estatística ou a outras disciplinas de caráter empírico, como a Física, por exemplo.

Para além dessa ambivalência no trabalho escolar com a Matemática em qualquer nível, é fundamental que se procure mapear e qualificar diferentes modalidades pelas quais as pessoas estabelecem, a cada momento, uma ligação entre a Matemática e sua experiência pessoal, o que lhes é tangível, os traços do passado dados pelo meio e seu horizonte futuro em diferentes contextos em que transitam: o lar, a escola, o trabalho, a vida em sociedade, o lazer etc., ao que é necessário acrescentar especificamente o cotidiano da própria aula de Matemática, as atividades, as tarefas, as ações e as interações (ou não interações) que nela têm lugar.

Aprendizagem contextualizada da Matemática

O consagrado ponto de vista de que os processos de aprendizagem precisam ser desenvolvidos e investigados levando-se em conta o ambiente social, contextual e cultural e os fatores nos quais esses processos estão inseridos é hoje compartilhado por expressiva parcela da comunidade de pesquisadores do ensino de Matemática. De Corte e Verschaffel (2008) citando Brown, Collins e Duguid (1989) nos lembram que, no fim dos anos 1980, a importância dos fatores contextuais para a aprendizagem foi sublinhada pelo paradigma da cognição situada.[6] "Trata-se, essencialmente, de reagir contra uma concepção

---

6. Cognição situada: Trata-se de um termo que tem merecido atenção de estudiosos das teorias do conhecimento, em especial aqueles que buscam fundamentar práticas escolares como Lave e Wenger (1991). Nessa perspectiva, aprender e conhecer é inseparável da participação e das vivências situadas nos contextos em que ocorrem.

mentalista e computacional de aprendizagem, confiando-a aos processos totalmente individualizados e puramente cognitivos, tendo por resultado a construção de representações mentais encapsuladas"[7] (De Corte e Verschaffel, 2008, p. 36). Essa é uma perspectiva identificada com muitas outras que a antecederam e que tiveram inspiração no construtivismo social[8] no sociointeracionismo,[9] no interacionismo simbólico,[10] entre outros, que definitivamente jogaram luzes sobre a variedade de dimensões do ensino de Matemática e do seu currículo, pondo em xeque ou forçando a uma revisão e flexibilização dos cânones (relativos a conteúdos e métodos) aos quais, historicamente, os sujeitos foram submetidos na sua experiência escolar com a Matemática:

- a transmissão incondicional de conteúdos, métodos e linguagem da Matemática obedecendo a uma tradição platônica,[11] euclidiana[12] ou bourbakista;[13]
- a transmissão de conteúdos e métodos clássicos da Matemática tomados como "patrimônio historicamente acumulado pela humanidade";
- a construção do conhecimento matemático pelo sujeito adequando a abordagem às suas estruturas cognitivas e psicológicas (tomadas como universais e atemporais);

---

7. Tradução livre do autor.
8. Construtivismo – aqui se refere a uma das correntes teóricas empenhadas em explicar como a inteligência humana se desenvolve partindo do princípio de que o desenvolvimento da inteligência é determinado pelas ações mútuas entre o indivíduo e o meio.
9. Sociointeracionismo – teoria de aprendizagem do psicólogo russo Lev Vygotskiy, cujo foco está na interação.
10. Interacionismo simbólico – abordagem sociológica das relações humanas que considera de suma importância a influência, na interação social, dos significados bem particulares trazidos pelo indivíduo à interação, assim como os significados bastante particulares que ele obtém dessa interação sob sua interpretação pessoal.
11. Platônica – relativo à filosofia de Platão.
12. Euclidiana – relativo a Euclides e à Geometria euclidiana.
13. Bourbakista – relativo a Nicholas Bourbaki, pseudônimo de um grupo de matemáticos franceses que produziram livros sobre matemática moderna.

- a transmissão de conteúdos e processos matemáticos selecionados segundo o critério da "relevância social";
- o ensino das noções matemáticas pelo sujeito por meio da resolução de problemas e modelagem;
- o ensino de noções matemáticas por meio de brincadeiras e jogos;
- o ensino de noções matemáticas utilizando a história da Matemática como recurso;
- o ensino de noções matemáticas por meio das tecnologias da comunicação e informação;
- o ensino das noções matemáticas de maneira contextualizada e levando em conta a experiência cotidiana do sujeito.

CAPÍTULO 3
Sobre crianças e sua relação com noções e situações da matemática nos anos iniciais da escolarização

Na infância, coincidindo com o período em que as crianças passam a frequentar uma instituição escolar, ocorrem inúmeras e importantes transformações físicas, cognitivas e psicológicas que contribuirão para o seu processo posterior de aprendizagem e desenvolvimento. Há capacidades e competências forjadas inicialmente no seu convívio familiar e social, nas perguntas e descobertas que faz cotidianamente, e que, no ambiente escolar, com base numa relação com ideias, linguagens e situações dos mais variados tipos, podem ter continuidade e ser ampliadas, enriquecendo suas experiências e fazendo parte do seu processo de leitura e compreensão do mundo. Entre as amplas e diversificadas possibilidades experimentadas pelas crianças há os contatos iniciais, ensaios e incursões com noções de quantidade, espaciais ou métricas, com símbolos, regras e formas e, ainda, com noções científicas que não se apresentam como conteúdos de disciplinas específicas, segmentadas como universos à parte nos quais as crianças adentram, levadas pelo professor, e onde sozinhas se encarregam de dar sentido a cada uma delas, a seu modo.

Delimitar a fronteira a partir da qual uma criança pequena estabelece contato com noções matemáticas, caracterizar o modo como isso ocorre, bem como estabelecer uma cadeia de objetivos a serem perseguidos são tarefas difíceis e que requerem alguns cuidados. Os cuidados que daí decorrem são orientados pelo conhecimento que se tem das crianças, dos modos de ser criança, dos seus interesses, suas referências do seu mundo sensível e de suas possibilidades, adequando atividades e situações, bem como problematizando e propondo situações de acordo com tais interesses, evitando a imposição de orientações curriculares que estabelecem marcos rígidos entre anos, ciclos e níveis escolares por meio de objetivos, métodos e avaliações inadequados. É necessário reconhecer que objetivamente essas crianças desde muito pequenas atuam sobre diferentes contextos; quando passam a demonstrar interesse por ideias numéricas e espaciais, vão pouco a pouco se utilizando de um vocabulário atinente a essas noções e tomando atitudes que revelam algum grau de aproximação do conhecimento matemático. Fechar os olhos para esse fato é ignorar um tipo de construção inevitável no rico cotidiano infantil com a manifestação de múltiplas e particulares maneiras que as crianças têm para olhar e entender o mundo à sua volta, e para se comunicar e se relacionar com as outras pessoas. Também não parece ser uma atitude adequada se se pretende que o processo de conhecer Matemática, na escola, e de utilizá-la no dia a dia, pelas crianças, ocorra sem resistências e sem aversão. Por outro lado, a atenção demasiada na iniciação precoce nas áreas acadêmicas poderá acelerar um processo de muitas dificuldades, uma vez que essas noções podem se reduzir a signos, nomenclaturas e procedimentos confusos que as crianças se veem obrigadas a repetir e memorizar. O desafio consiste, portanto, em encontrar o equilíbrio necessário que concilie as manifestações da sua percepção das coisas e os significados que elas tendem a construir com os significados que o ambiente escolar pode proporcionar, com a orientação cuidadosa do professor.

A atenção e discussão relativas a se as crianças pequenas estabelecem (e como estabelecem) relação com ideias matemáticas são

CAPÍTULO 3 Sobre crianças e sua relação com noções e situações da Matemática...

necessárias para conter excessos ou reticências num processo em que muitas ideias são mobilizadas no âmbito das experiências infantis e das interações entre adultos e crianças. A entrada das crianças na educação infantil marca a sua passagem de um contexto familiar a um contexto em que as crianças interagem com outros adultos e com outras crianças em diferentes atividades. Conforme já foi discutido anteriormente, se antes elas permaneciam até os seis anos no nível denominado infantil, atualmente, aos seis anos as crianças são consideradas do Ensino Fundamental, sem que isso signifique, entretanto, uma antecipação do que, no modelo de organização anterior da escola, se ensinava a crianças de sete anos.

Entre a total ausência de preocupação – que passa ao largo das vivências infantis e do modo peculiar com que as crianças manifestam conhecimentos – e a prontidão abusiva das instituições que forçam e antecipam o ensino formal de conceitos matemáticos, há amplas possibilidades de trabalho didático que favorece o desenvolvimento de potencialidades das crianças. Não é sem razão que tem aumentado a quantidade de pesquisas voltadas para o papel dos jogos e das brincadeiras nas atividades escolares das crianças pequenas. Essa perspectiva permite lidar com situações problema, com regras, com questões interessantes que articulam as experiências vividas com outras que se apresentam a partir de agora, mas sem perder de vista a natureza lúdica das situações de jogos que mobilizam também noções matemáticas.

É muito frequente vermos e ouvirmos as crianças fazerem contagem (por exemplo, para controlar o tempo, definir e operar com quantidades em brincadeiras e jogos), esforçarem-se para acomodar objetos e brinquedos num espaço determinado, manipular o dinheiro etc., tudo isso de um modo muito particular. Manifestações desse tipo decorrem do seu convívio social, das interações que estabelecem com os adultos e com outras crianças. Entender e ampliar essas experiências representam um dos principais desafios a ser enfrentado pelo professor nos anos iniciais da escolarização das crianças.

Quando fazem contagens ou expressam alguma ideia matemática, devemos ter em conta que elas estão, dentro das suas possibilidades, realizando uma aproximação com aquilo que no futuro se configurará como noção mais elaborada de número ou de outro conceito matemático. As ideias que pouco a pouco vão formulando a respeito de número, operação, medida e espaço representam manifestações parciais dos conceitos formais previstos para serem construídos, de forma mais abrangente, durante todo o período de Ensino Fundamental. Porém, é importante colocar em destaque que são ideias dotadas de significados particulares, mas imprescindíveis num processo de conhecimento cujo início escapa a qualquer tentativa de controle e cujo desenvolvimento está diretamente relacionado às vinculações e nexos que vão sendo estabelecidos com a ajuda do professor. Trata-se, entretanto, de uma ajuda que não despreze as intuições, a criatividade, as curiosidades e os interesses das crianças pequenas.

No período relativo à educação infantil, ocorre um processo gradativo de envolvimento das crianças com ideias matemáticas. No seu aprendizado inicial (principalmente nos quatro primeiros anos de vida), as experiências não escolares como brincadeiras, jogos de faz de conta, contos de fada, vivências e contatos estabelecidos com outras crianças e com adultos possuem um papel determinante. Há um modo próprio e social de as crianças externarem aquilo que são suas primeiras aproximações de noções quantitativas, espaciais e até métricas.

Nos anos subsequentes, embora essas vivências da criança continuem presentes e tenham um importante papel, verifica-se a transição para um processo em que a intencionalidade educativa do adulto fica mais explícita, porém **sutil**, e as situações podem ser organizadas, tendo-se em vista as possibilidades e interesses das crianças com situações de jogos, brincadeiras, resolução de problemas, uso de computador envolvendo aspectos quantitativos, espaciais, métricos e lógico-matemáticos. Contudo, generalizar as práticas escolarizadas, com ênfase em nomenclaturas, em modelos rígidos e repetitivos para a escrita dos números, para as operações, para as figuras geométricas, mas de aplicação questionável inclusive nos anos iniciais do Ensino Fundamental, significa antecipar e agravar os problemas desse nível de ensino que estão ainda longe de serem sanados. Vale ressaltar que em geral as crianças conferem o significado que lhes convém e elas negociam esse significado de acordo com o que lhes é tangível ou sensível, contrariando o objetivo do professor quando sua intencionalidade é **ostensiva**, como pode ser observado no seguinte diálogo de um adulto com duas crianças pré-escolares:

Adulto – *O que vocês já aprenderam na escolinha?*
Criança 1 (5 anos) – *Eu já sei fazer a conta de mais e a de menos.*
Criança 2 (4 anos) – *Eu já sei fazer a conta de mais e a conta de "chupar".*
Adulto – *Explica pra mim a conta de chupar que eu não aprendi na minha escola.*
Criança 2 – *Eu tenho três balas, eu chupo duas, fico com uma.*

Se a intenção da professora era ensinar a adição e a subtração, aqui a criança se relacionou com a situação proposta interpretando-a ao seu modo, mobilizando referências que faziam sentido para ela. Essa situação ilustra alguns aspectos que marcam a relação cotidiana do professor e da criança, pequena ou não, quando interagem:

- a contraposição do que temos caracterizado como o tangível para os dois sujeitos dessa relação: "a estratégia" da criança construindo um significado ao adaptar o problema ao que lhe é sensível (chupar bala, jogar, brincar) diante de uma concepção de ensino de matemática limitada à apresentação de problemas padronizados que costumam ser explorados de modo indiferenciado ao longo da educação infantil e dos anos iniciais do Ensino Fundamental;
- a preocupação por parte do professor em familiarizar o aluno com um conjunto de ideias, nomenclaturas específicas e procedimentos matemáticos típicos do universo "escolarizado";
- a criança dá pistas de que a sua aproximação com noções matemáticas pode ocorrer quando se põe na mesa – a partir delas próprias, das suas observações e perguntas ou a partir da pergunta do professor, uma vez que a situação-problema trazida

é pertinente e possível – um vocabulário e situações de jogo, de faz de conta, de "resolução de problema" sem trair o conceito matemático em questão ou aquilo que a criança é capaz de pensar.

Essa ideia de aproximação e fidelidade em relação à noção matemática em questão (ou outra noção que não se relacione com a matemática) verifica-se em situações outras que são típicas em diálogos com ou entre crianças. Por exemplo:

1. ao se pronunciarem sobre a quantidade de pessoas da sua família, de figurinhas ou a sua idade, invariavelmente sua resposta é de natureza numérica, seja quando elas indicam a quantidade mostrando os dedos das mãos ou quando enunciam oralmente uma quantidade em resposta a alguma pergunta, ainda que tal resposta seja um "disparate" em relação ao que a pergunta pede;
2. em relação a medida ou grandeza há inúmeras situações que ilustram o que queremos dizer (comprimento, massa/peso etc.). Sobre o tempo no calendário (dias da semana, dia anterior, dia seguinte, data do aniversário etc.), é comum haver trocas, inversões de palavras que, embora não sejam respostas corretas, não são incoerentes com a situação dada e com o tema da pergunta feita.

O Referencial Curricular Nacional da Educação Infantil (RCNEI) do MEC de 1998 discute esses aspectos em considerações ilustrativas e complementares como as que seguem:

As respostas de crianças pequenas a perguntas dos adultos que contenham a palavra "quantos?" podem ser aleatoriamente "três", "cinco", para se referir a uma suposta quantidade. O mesmo ocorre às perguntas que contenham "quando?". Nesse caso, respostas como "terça-feira" para indicar um dia qualquer ou "amanhã" no lugar de "ontem" são frequentes. Da mesma forma, uma criança pequena pode perguntar "quanto eu custo?" ao subir numa balança, no lugar de "quanto eu peso?". Esses são exemplos de respostas e perguntas não muito precisas, mas que já revelam algum discernimento sobre o sentido de tempo e quantidade. São indicadores da permanente busca das crianças em construir significados, em aprender e compreender o mundo. (Brasil, 1998, p. 213)

Ideias matemáticas mobilizadas fora e dentro da escola e atitude docente

Como já enfatizado, a referência principal do processo educativo das crianças são o seu interesse, as suas referências, os contextos sociais que lhes são familiares e nos quais têm oportunidade de atribuir significados às suas ideias, atitudes e linguagens. Significados inscritos num modo de pensar, numa "lógica" infantil ou no modo próprio de cada criança pensar e se expressar, o que torna a interação com e entre as crianças, especialmente no ambiente escolar, uma fonte fértil de onde podem emergir inúmeras possibilidades de diálogos e questionamentos, de ideias de atividades a serem desenvolvidas.

No que se refere à Matemática, é possível identificar que esses interesses e contextos são frequentemente permeados por noções numéricas e relações espaciais. Podemos enumerar diferentes tipos de experiências e nelas estarão presentes vestígios e elementos relativos às noções de número e espaço. Contudo, a tendência de, na escola, se hierarquizarem os conteúdos priorizando a noção de número, os algoritmos das operações básicas, as frações em relação a outras não significa que tal ênfase resulte em maior compreensão dessas noções. O fato de os alunos carregarem dificuldades em noções básicas como essas ao longo do Ensino Fundamental e, em muitos casos, além desse nível, pode significar o contrário – maior ênfase resultou em maiores dificuldades, o que justifica a opção de nos determos na discussão de aspectos dessas práticas frequentes e das abordagens dessas noções que ocupam a maior parte do currículo desenvolvido em sala de aula.

As crianças, desde bebês, se relacionam com o mundo, nele se deslocando e aprendendo a conhecê-lo. As situações cotidianas, as interações/comunicação com adultos e com outras crianças, os jogos e as brincadeiras, as histórias que contam ou que ouvem – e que constituem uma face da realidade com a qual se relacionam – estão impregnadas de linguagem, do mesmo modo que estão impregnadas de marcas do conhecimento matemático, de outros conhecimentos e de informações variadas. Assim, as histórias, as brincadeiras, as festas, a família, o ambiente doméstico, o grupo da creche ou escolinha, os desenhos animados e programas televisivos infantis etc. – em resumo, o universo sensível das crianças – são o material e o meio pelos quais se dá uma aproximação das crianças com ideias numéricas e espaciais e com os ditos saberes escolares. A sua compreensão dessas noções será de forma aproximada, "filtrada" e balizada pelas referências de que dispõem, pela inventividade própria das crianças, possibilitando a construção de significados inesperados, parciais, relativos que as ajudam a formular perguntas e respostas, a comunicar e representar ideias, a argumentar e a continuar inquirindo o adulto ou outras crianças.

Uma história de faz de conta ou uma brincadeira em que as crianças têm de empilhar blocos, encaixar e montar objetos com peças ou se deslocar nos ambientes e espaços em que vivem ou frequentam ocasionalmente pode significar para elas tão somente erguer/construir um prédio, um castelo ou um caminhão, encontrar um tesouro escondido etc. num esforço de representar o que a história lhes sugere. Do mesmo modo, responder a uma pergunta, nesse contexto, pode significar, do seu ponto de vista, ajudar a encontrar um caminho, uma solução para uma situação envolvendo conflito. Contudo, pode-se admitir que essas ações motivadas pelo grau de envolvimento das crianças na situação possibilitam que, de modo lúdico, fantasioso ou não, sejam colocadas em jogo informações visando à "organização do espaço" de diferentes maneiras, a comparação direta ou estimada de tamanhos e formas, a contagem de quantidade e a marcação do tempo caso a situação requeira a utilização de objetos portadores de números (relógios, revistas, telefones etc.), o exercício de uma linguagem própria relacionando esses aspectos se as crianças são chamadas a comunicar o que pensam e fazem. As datas e festas de aniversário de cada um também representam excelentes oportunidades que favorecem o uso de números e a exploração motivada de calendários. Um grupo de crianças apresenta características que podem ser tomadas como elementos que favorecem uma experiência com outras funções do número, como, por exemplo, quando se propõe um levantamento e a comparação das idades, dos pesos, das alturas, das pessoas da família, ou quando expõem a camisa do time de futebol da sua preferência etc. Essas características também são elementos referenciais para abordar noções espaciais, desde aquelas relativas ao corpo de cada um (tomado como sistema de referência) até as situações relativas a deslocamentos e itinerários de uma criança em relação a outra ou de um grupo relativamente a outro. As brincadeiras de esconde-esconde, de localização de objetos ou pessoas a partir da emissão de mensagens, de mapas de tesouro etc. possibilitam a aproximação da criança com a diversidade de noções matemáticas.

Quando as crianças estão na Educação Infantil ou mesmo nos anos iniciais do Ensino Fundamental, todas essas situações permanecem como importantes fontes de conhecimento matemático. Daí que as experiências das crianças permitem diferentes desdobramentos e a construção de conceitos e procedimentos genuinamente matemáticos ganha maior visibilidade tanto nas atividades em que elas se envolvem como naquelas atividades que podem ser sugeridas pelo professor, para que seja reconhecido o caráter de ferramenta desses conceitos e procedimentos no cotidiano, nas situações a enfrentar, nos problemas a serem resolvidos. Essas experiências permitem a explicitação de diferentes aspectos relativos aos números e ao sistema de numeração decimal, às grandezas e medidas, às formas e às relações espaciais.

Sobre a relação das crianças com o domínio numérico

Optamos aqui por nos estender um pouco mais tecendo considerações sobre a abordagem de noções numéricas e do cálculo pelo fato de que, historicamente, as práticas pedagógicas têm priorizado essas noções em detrimento de outras, na Educação Infantil e nos anos iniciais do Ensino Fundamental. Possível e paradoxalmente prevalece um ponto de vista reducionista e utilitarista, segundo o qual a iniciação de uma formação matemática escolar das crianças deve ocorrer enfatizando-se o trabalho com números e operações. Por que não abordar desde o início, e simultaneamente, tanto as noções numéricas quanto as relações espaciais e as formas, já que a experiência infantil se dá inicialmente e de maneira mais intensa pela exploração do espaço?

Estendemo-nos um pouco mais sobre a abordagem das noções numéricas e de cálculo também porque é nesse domínio que há, tanto há mais tempo quanto em maior volume, uma produção de pesquisas, de orientações curriculares e de materiais para o ensino e é nesse domínio que incidem as maiores dificuldades de aprendizagem dos alunos.

As pesquisas realizadas por Piaget sobre a gênese do número na criança ensejaram, da década de 1960 em diante, uma forte consequência sobre didática da Matemática no que diz respeito à relação entre o seu modelo de compreensão do número, os fundamentos da aprendizagem e as práticas de abordagem didática das ideias de número e espaço, hoje tomadas com reserva. Grégoire (2008) diz que vários autores questionaram o modelo operatório do número, defendido por Piaget, pois tal modelo sugere uma compreensão inexata e incompleta das competências numéricas da criança, em que é subestimado o papel da linguagem e da contagem no desenvolvimento de tais competências. Não é mais possível hoje considerar a compreensão do número pela criança como uma simples manifestação local de habilidades lógicas que se desenvolverão ainda mais (Grégoire, 2008).

No Brasil e em outros países, como pode ser verificado em muitos documentos oficiais e livros didáticos de diferentes épocas, as ênfases adotadas na abordagem da noção de número são de dois tipos:

- o ensino centrado na noção mnemônica[1] e na representação simbólica (o número tomado pelo símbolo), obedecendo a uma escala ascendente em que inicialmente se trabalha com

---

1. Noção Mnemônica – recursos verbais, técnicas que auxiliam a memorizar informações, dados, fórmulas.

grupos de números pequenos, seguindo-se a sequência do mais simples para o mais complexo;
- o ensino centrado na concepção de número como síntese das estruturas de classe e ordem, estabelecendo uma homologia entre o modo como a noção de número é concebida e teorizada na história da Matemática e o modo como tal noção é construída pelo sujeito na perspectiva piagetiana.

Nessa segunda abordagem, a ideia de classe de equivalência é enfatizada na orientação do aluno para identificar o número como a propriedade comum aos conjuntos cujos termos podem ser colocados em correspondência biunívoca e pela classificação de variados tipos de coleções, agrupando seus objetos por critérios de semelhança e separando-os pelas diferenças. Faz parte disso o processo de organizar essas diferenças, estabelecendo uma ordem entre as classes.

Em síntese, o traço comum dessas duas abordagens – e que é identificado também na abordagem de outras noções matemáticas, como a de espaço – é o pressuposto de que a construção e a assimilação da noção pelas crianças se dá "de fora para dentro", desconsiderando qualquer ideia, hipótese ou representação que elas tenham em relação ao número nas suas diversas manifestações e funções. Trata-se de uma aposta na ideia ilusória de "procurar fabricar o conceito de número antes de utilizar números" (Institut..., 1995, p. 28), numa clara afirmação do princípio de que se aprendem os conceitos e depois os aplicamos.

Recuperamos alguns aspectos da produção teórica do grupo Ermel,[2] relativamente ao domínio numérico. O grupo sustenta que o sentido de um conceito matemático (por exemplo, o de número), desde as primeiras aprendizagens, se constrói em duas direções: por um lado, no poder que o conceito confere ao sujeito dominar, resolver problemas para os quais o número constitui um instrumento pertinente e, por outro lado, no poder que o sujeito tem sobre o conceito,

---

2. *Groupe de Didactique des Mathématiques – Institut National de Recherche Pédagogique* (INRP).

poder de captar as propriedades, de fazê-las funcionar, de utilizar uma linguagem (em particular simbólica) que permita explicitá-las, estabelecer conexões com outros conceitos (Institut..., 1995).

Tal convicção é reforçada pelo grupo:

> A experiência cotidiana permite acrescentar a isso o desejo da criança de saber mais, de ir mais longe, o prazer "lúdico" de dizer a mnemônica, a possibilidade que tem, por exemplo, de prever no calendário a data do dia seguinte. Desse modo, os números são já para ela e, numa certa medida, instrumentos para dominar certos aspectos do real, mas também objetos que ela têm vontade de conhecer melhor. (Institut..., 1995)

Pode-se argumentar, com base nessa formulação, que o processo de construção de significados pelas crianças, em Matemática, não ocorre *a priori*, antes de o aluno utilizar os números e as medidas ou sem estabelecer relações espaciais. O uso permite o desenvolvimento de hipóteses, de concepções provisórias, que são postas à prova com a evidência e descoberta de novas possibilidades. São processos em que a negociação se pauta na experiência e no desejo das crianças, nas suas referências frequentemente mobilizadas, de modo que faça uma ponte entre o que sabe, o que lhe é familiar e aquilo que convoca sua atenção e leva a uma tomada de decisão.

A realização de contagens orais e os esforços de registro das quantidades pela criança, de diferentes maneiras (figuras, marcas, bolinhas, números etc.), são práticas a serem dinamizadas nesse período. Para que isso não ocorra sempre de forma mecânica e rotineira, torna-se necessária a proposição de diferentes situações-problema (por exemplo, solicitar que as crianças distribuam objetos pelo grupo, que elas se organizem em grupos para uma dada atividade etc.), tendo o cuidado de acompanhar a maneira como cada criança o faz, diversificando as situações em função dos avanços e até possíveis retrocessos que a criança for apresentando na contagem e no registro de quantidades. Com o sentido de favorecer o uso de cálculos, podem ser propostos às crianças problemas aritméticos que envolvam diferen-

CAPÍTULO 3   Sobre crianças e sua relação com noções e situações da Matemática...

tes formas de contagem e descontagem (seja de um em um, de dois em dois, pulando o número seguinte ou o anterior etc.), problemas numéricos que envolvam operações simples com alguma finalidade, evitando a mera apresentação de problemas padronizados ou dos algoritmos descontextualizados, para que elas desenvolvam estratégias e procedimentos próprios comparando, juntando, separando, repartindo, combinando e alterando dados numéricos. Esse processo prevê comunicação (em linguagem informal) e representações não convencionais de estratégias e soluções por parte das crianças. Com o sentido de incentivar e aprimorar a capacidade da criança de resolver problemas, ampliar seus conhecimentos matemáticos (noção de medida) e verificar sua aplicação em contextos significativos, devem ser sugeridas situações em que as crianças utilizem dominós, figurinhas, organizem informações, acompanhem e controlem a passagem do tempo em calendários e relógios, façam observações, comparações diretas e indiretas entre objetos, solicitando-as a utilizar instrumentos não convencionais e formas alternativas de medidas que podem incluir instrumentos convencionais de medidas conhecidos por elas. Complementando esse quadro conceitual, cabe ainda a exploração de problemas, jogos e brincadeiras que permitem a exploração de relações e representações espaciais. A montagem de figuras, a construção de torres e edifícios com blocos, a localização de pessoas ou objetos, a descrição de trajetos, o exame de alguns tipos de mapas e plantas e até mesmo a construção de uma maquete representando um ambiente conhecido ou um cenário idealizado pelas crianças são oportunidades ricas e significativas para a exploração de relações espaciais pela criança e a potencialização do desenvolvimento do seu pensamento geométrico.

Se é possível uma atitude didática do educador com a criança da Educação Infantil, deverá ser a de permitir à criança que, sem ser sobrecarregada ou "coagida" para isso, comunique ideias, pratique sua linguagem e outras formas de representação (gestos, desenhos, encenações, confecção de um modelo etc.) nas atividades que escolhe ou naquelas sugeridas pelo professor. Formular perguntas, propor situações-problema ou sugerir um jogo ou brincadeira, ler uma história real ou fictícia em que é possível contar, indicar quantidades, fazer referências e comparações, situar-se espacialmente ou situar algo em relação a si próprio são iniciativas possíveis do adulto em face dos ambientes em que a criança está inserida e das observações e reflexões que pratica. É necessário evitar situações em que seus ritmos revelem ansiedades do adulto para que a criança formule ou chegue rapidamente a uma determinada ideia, ou que com muito esforço e após uma ciranda de interpelações venha a comprovar/confirmar alguma hipótese cognitiva ou etapa de desenvolvimento que as pesquisas e teorias apontam.

Muitas das situações que serviram a pesquisas sobre o modo como uma criança é capaz de fazer certas relações lógicas, como as provas e exercícios de classificação, seriação e conservação, quando transformadas em atividades para o ensino, são ineficazes enquanto atividades que proporcionem a aprendizagem de conceitos matemáticos, em particular a noção de número. Podem ter, sim, interesse em si mesmas enquanto situações-problema de cunho lógico que não são vinculadas a conteúdos específicos de uma dada área.

Nesse aspecto, ressaltamos que a abordagem postulada para esse domínio da Matemática pelo grupo Ermel, que é extensível a outros, coloca em relevo a experiência das crianças e os significados próprios que mobilizam, mesmo sem fazer referência a dimensões sociais e contextuais implicadas na aprendizagem da noção de número e mesmo sem ir além do escopo do sistema didático (constituído pela tríade aluno, professor e conhecimento matemático) de traço essencialmente endógeno, normativo e cognitivista. Trata-se de uma perspectiva de construção do número de "dentro para fora", em que as crianças mobilizam saberes, experiências em relação às noções abordadas na escola.

Procurou-se aqui, de modo diverso e complementar, enfatizar que o potencial didático relativo a noções matemáticas, como a de número, de espaço, de medidas etc., emerge da experiência sociocultural das crianças, do seu mundo sensível, das diferentes relações estabelecidas nos contextos sociais que lhes são familiares ou dos apelos que atiçam a curiosidade e o interesse infantis. Isso pode contribuir para que a relação das crianças com o conhecimento matemático ocorra de forma adequada, pertinente e no tempo necessário; forma e tempo resultantes da gestão docente do objetivo pedagógico e dos sinais da predisposição das crianças de se envolverem em situações sugeridas pelo professor que se relacionem à resolução de problemas, à utilização de um jogo ou brincadeira no qual possam ser negociados significados de natureza lógico-matemática que ajudem a entender suas experiências.

O estranhamento que cedo se instaura nas aulas de Matemática e se estende por toda a vida escolar do aluno decorre, em grande parte, de práticas voluntárias ou não que enfatizam inicialmente os aspectos formais da Matemática e da sua linguagem, que antecipam, precocemente, definições, modelos de resolução de problemas e operações que passam ao largo da exploração e problematização de conhecimentos, experiências e raciocínios que as crianças demonstram ter.

CAPÍTULO 4
Ensinar e aprender Matemática no Ensino Fundamental[1]

A formação matemática necessária ao aluno do nível fundamental é parte importante do processo de formação geral a ser promovido pela escola por meio de variadas atividades e práticas pedagógicas relacionadas com as diferentes áreas do conhecimento. Em linhas gerais, tal formação objetiva a aquisição e construção, pelo aluno, de ferramentas conceituais e instrumentais imprescindíveis ao exercício da cidadania, ao pertencimento e intervenção na sociedade e cultura de que faz parte; à construção de trajetórias e projetos individuais e/ou coletivos, às tomadas de decisões que tudo isso implica etc. Embora deva-se considerar que o alcance de uma formação escolar é produto de ações articuladas em diferentes campos e áreas, pode-se defender que o trabalho com a Matemática na escola cumpre uma finalidade formativa específica que articula dois objetivos essenciais: o desenvolvimento de capacidades relacionadas ao pensamento, ao raciocínio lógico-matemático e a aquisição de capacidades relacionadas

---

1. Neste capítulo, estão reunidos textos que numa primeira versão integraram o documento de orientações metodológicas e expectativas para o ensino de Matemática, no então Ciclo II (5ª a 8ª série) do Ensino Fundamental da Secretaria Municipal de Educação de Itatiba, em 2008.

a leitura, interpretação, compreensão de situações cotidianas em que a Matemática esteja presente.

Expectativas e capacidades específicas que as práticas escolares com a Matemática proporcionam, como resolução de situações-problema, apropriação de procedimentos de cálculos e medidas, domínio de linguagem matemática e de relações lógico-formais, adquirem significado e tornam-se operatórias não apenas no âmbito particular da atividade matemática, mas em situações outras, escolares ou não, em que o sujeito mobiliza capacidades e saberes de diferentes naturezas. Esse pressuposto para o ensino de Matemática, na educação básica, é importante, uma vez que procura realçar mas, também, relativizar o alcance do trabalho pedagógico numa área específica de conhecimento que, por um lado, não se orienta para a formação antecipada de especialistas em tal área e, por outro, não constitui impedimento ao desenvolvimento de potencialidades e aptidões pessoais que sinalizem possíveis percursos para um determinado sujeito em alguma especialidade para a qual tenha inclinação ou que orientem suas escolhas.

As orientações curriculares e metodológicas do trabalho do professor compreendem: concepções relativas à disciplina e ao seu objeto de estudo, concepções relativas ao ensino e aprendizagem da disciplina, definição de objetivos e expectativas a serem alcançados tendo em vista os sujeitos e o contexto, elementos conceituais, procedimentos metodológicos e recursos didático-pedagógicos que estejam de acordo com tais concepções.

A Matemática e seu objeto de estudo

As muitas tentativas de dizer o que é Matemática e qual é seu objeto de estudo têm resultado em caracterizações que nem sempre são consensuais entre matemáticos e educadores, pois tendem a referir-se apenas a aspectos parciais de um campo de conhecimento que foi se tornando cada vez mais complexo à medida que novos ramos desse conhecimento foram se constituindo.

A ideia comumente difundida de que a Matemática é a ciência das quantidades e do espaço representa uma caracterização que, na

CAPÍTULO 4   Ensinar e aprender Matemática no Ensino Fundamental

medida do possível, procura englobar as noções relativas à Aritmética e à Geometria, os dois primeiros domínios da Matemática desenvolvidos com base em necessidades do homem, como controle de quantidades, cálculos, medidas. O primeiro domínio, a Aritmética, compreenderia a diversidade de números, as formas de contar, as propriedades, operações e problemas envolvendo tais operações. O segundo, a Geometria, compreenderia figuras e suas propriedades (métricas, projetivas, congruência, semelhança etc.), resultando em um corpo de axiomas e proposições que foram requerendo um sistema dedutivo formal (método axiomático-dedutivo) que se mostrou aplicável à própria Aritmética e a outros domínios do conhecimento matemático que se desenvolveram posteriormente, como a Álgebra (estudo de equações e estruturas) e Probabilidade (o estudo do acaso e da aleatoriedade). A ampliação dos domínios de conhecimento da Matemática tem motivado outras caracterizações, como a que considera a Matemática como a ciência das regularidades que engloba não apenas padrões numéricos e geométricos, mas também os padrões e as regularidades observados nos seus diferentes campos, o que faz dela um modo de pensar que ajuda a revelar aspectos fundamentais da ordem do mundo em que vivemos. A constituição das ideias matemáticas faz-se mediante o desenvolvimento de uma linguagem própria que faz da Matemática também um meio de comunicação e uma ferramenta para descrever e intervir no mundo físico, social e cultural (Ponte e Serrazina, 2000) e um suporte para o desenvolvimento de outras ciências.

Um exame sobre o modo como o conhecimento matemático vem sendo historicamente construído revela que nele há essencialmente motivações de dois tipos: aquelas externas, relacionadas a necessidades humanas que emergem da relação do homem com a natureza, das práticas sociais e culturais etc., e aquelas motivações internas, que são fomentadas no próprio processo de sistematização e registro das ideias matemáticas, de reflexão e problematização em que proposições e linguagem matemáticas são tomadas como objeto de interesse e estudo.

A Matemática e as práticas escolares

O que se tem observado como reflexo dessas duas motivações no ensino básico da Matemática, ao longo do tempo, são práticas inspiradas em uma ou outra característica e apoiadas em diferentes teorias de aprendizagem. Por um lado, há práticas escolares predominantes que enfatizam de modo restritivo a função formal das noções, da linguagem e dos processos matemáticos, daí priorizar o trabalho com procedimentos, técnicas, com algoritmos, definições e utilização de problemas padronizados e exercícios repetitivos. Por outro lado, há também as práticas que se esforçam para levar em conta um significado referencial para as situações, os problemas e para a linguagem matemática, daí as tentativas de contextualização das situações-problema, de utilização da história das noções matemáticas, do recurso a materiais manipuláveis, jogos etc. É necessário dizer que o trabalho pedagógico centrado exclusivamente em procedimentos formais e na simbologia matemática tem levado os alunos a manipularem técnicas e símbolos sem que entendam suas regras e lógica. Apresentar o número apenas pela contagem de rotina ou pela sua mera representação simbólica, as operações fundamentais com números naturais ou racionais e as expressões aritméticas ou algébricas como meras técnicas operatórias ou problemas padronizados com palavras que induzem e condicionam a atitude dos alunos pode significar, tão somente, dar prioridade aos objetivos procedimentais, a destrezas do aluno com cálculo e memorização de regras. Já um trabalho que seja centrado exclusivamente em aspectos referenciais e conceituais pode ter a intenção de valorizar a experiência e os procedimentos intuitivos dos alunos, mas ter como consequência privá-los do acesso ao simbolismo matemático e às suas regras de notação inerentes ao processo de aquisição das ideias matemáticas e a raciocínios de caráter mais amplo, que transcendam o contexto imediato da situação vivenciada e que o aprendizado em Matemática pode proporcionar. Ou seja, valorizar exclusivamente os procedimentos e estratégias informais dos alunos para fazer cálculos e resolver problemas, ou usar abusivamente materiais manipuláveis para resolver operações, para traduzir uma expressão ou operação algébrica, de modelos etc. pode significar que pontos de partidas e meios estejam sendo tomados como fim, ou pode significar, ainda, uma simplificação e "artificialização" de ideias essenciais a uma formação matemática dos alunos.

Assim, um dos desafios principais para quem hoje ensina Matemática desde os anos iniciais do nível fundamental é articular a abordagem dos aspectos conceituais e semânticos da Matemática com os aspectos relacionados com a linguagem matemática e suas regras para promover a aprendizagem dos alunos. Isto significa que é necessário ir além dos procedimentos informais e intuitivos do aluno em relação às noções matemáticas e à resolução de problemas para que ele vá se familiarizando e se apropriando de uma linguagem, de processos formais e estruturas matemáticas que podem dizer respeito a situações particulares, mas que, pelo seu caráter geral, constituem ferramentas para compreender outras ideias e resolver diferentes tipos de problemas em quaisquer outros contextos, bem como organizar e articular noções de diferentes domínios da Matemática também de um ponto de vista lógico-formal. Dessa óptica, portanto, os significados que são importantes para os alunos podem referir-se ao caráter instrumental que os conceitos matemáticos e a linguagem matemática podem ter em situações do cotidiano (por exemplo, os números como códigos, senhas, como quantidade, como posição, na leitura e representação de medidas, na leitura e interpretação de tabelas, gráficos, a proporcionalidade para a leitura, interpretação e representação de plantas ou mapas, as operações em situações de compra, de pagamento, o cálculo estimativo e aproximações, relações espaciais para localizar algo, alguém ou a si próprio etc.). Os significados podem referir-se também a generalizações, à formulação de perguntas e proposições, a inferências, provas e refutações que podem ser feitas com base em significados já construídos. Por exemplo, a demonstração formal de que a soma dos ângulos internos de um triângulo é igual a 180^0 e a sua compreensão é algo que fica bem situado para o aluno se precedido de exploração intuitiva, experimentações e verificações com exemplos ou contraexemplos de situações particulares ou gerais, simples ou complexas (não necessariamente nessa ordem), uma vez que a motivação que gera uma pergunta, a situação-problema selecionada ou a discussão proposta podem ser de diferentes naturezas e isso é regulado tanto pela visão que o professor tem do programa da classe e das suas possibilidades quanto pela forma como os alunos estabelecem, negociam e equacionam a relação entre sua experiência, seu mundo sensível e a situação matemática[2] em questão. Em resumo, os sentidos e significados, para o aluno, na sua relação com a Matemática podem ser gerados em uma situação de caráter prático-utilitário, em seu cotidiano de aluno e cidadão (operação envolvendo a compra de lanche; relação de comparação entre quantidades de pessoas de diferentes grupos populacionais, explorando características tais como: faixa etária, escolaridade, gênero, condições socioeconômicas etc.; cálculo da densidade demográfica de uma cidade, estado ou país; cálculo da capacidade de um recipiente ou da variação da inflação etc.). Podem ser gerados também por uma dúvida (–5 é maior ou menor que 0?), por uma curiosidade (por que $3^0 = 1$? Como se justifica que não é possível fazer a operação x : 0, com x ≠ 0?) ou por uma situação que promova uma atitude investigativa (como projetar um modelo de porta-joias de uma dada forma geométrica? Como surgiu o nosso sistema de numeração, o zero ou a ideia de infinito? Quais informações podem ser obtidas em uma tabela, um gráfico ou um mapa? etc.).

A relação do aluno com a Matemática e a aprendizagem

A relação do aluno com a Matemática é construída, fundamentalmente, na escola, e o trabalho cotidiano do professor em qualquer ano está voltado para o desenvolvimento de expectativas que compre-

---

2. Segundo Centeno (1988) uma situação matemática é uma situação pedagógica que envolve um conteúdo matemático que leva o aluno a estabelecer relações entre os objetos envolvidos. Para o educador euro-egípcio Caleb Gategno, conforme citado em Centeno (1988, p. 114), uma situação pedagógica é tudo o que coloca o aluno em situação de aprender por si mesmo, reagindo a objetos que lhes são apresentados. No Capítulo 6, a questão será discutida com maior profundidade.

endem também o domínio de conceitos e processos, bem como o desenvolvimento de atitudes em relação ao conhecimento matemático. Em muitos casos, o maior desafio do professor do Ensino Fundamental (tanto o professor unidocente como o especialista) é promover e manter o interesse do aluno nas aulas de Matemática e promover a reciprocidade na confiança entre aluno e professor, condições essenciais para o desenvolvimento do ensino e da aprendizagem dessa disciplina.

O exame das práticas atuais do ensino de Matemática revela resultados insatisfatórios na aprendizagem do aluno, e que indicam sua incapacidade de atribuir significado às noções, à linguagem e aos processos trabalhados na escola, bem como sua incapacidade de utilizar a Matemática fora da escola. Revela também que a relação do aluno com esse conhecimento é pontuada por dificuldades que provocam desinteresse e aversão, que podem ser resultado de uma experiência em que foi solicitado a memorizar ou a repetir procedimentos incompreensíveis ou, ao contrário, de uma experiência em que, por fatores de diferentes tipos, não houve, na aula, condições para que dúvidas e dificuldades dos alunos, ou mesmo a intenção do professor, sequer ficassem explícitas ou fossem consideradas na aula.

As próprias práticas e diferentes estudos realizados, como os de Socas (1997), Centeno (1988), Brousseau (1983), Santos (2008b) e Santos (2009), entre outros, já indicaram que há dificuldades que decorrem do modo de aprender; outras, da natureza de cada noção Matemática ou ainda das condições e do modo como se ensina. Embora parte dessas dificuldades seja inerente ao processo de ensinar e aprender Matemática, e mesmo havendo particularidades no modo como cada sujeito aprende e se relaciona com ela, torná-la um conhecimento acessível a todos pela promoção do gosto e interesse do aluno por estudar Matemática é uma possibilidade que se apoia em um conjunto diversificado de convicções e orientações, algumas das quais podem ser identificadas em documentos curriculares oficiais:

- a Matemática é uma área necessária, que pode ser compreendida e ajudar o aluno a resolver problemas, a raciocinar logi-

camente, a explorar e compreender aspectos da realidade em que vive;
- o trabalho com a Matemática no Ensino Fundamental objetiva ampliar seus conhecimentos no campo dos números, da geometria, da álgebra e da estatística, sendo importante para os alunos perceberem que tal experiência se apoia em conhecimentos adquiridos;
- essa experiência objetiva a valorização da Matemática pelo aluno como atividade humana, historicamente desenvolvida, como ferramenta que se pode utilizar em diferentes situações, tendo como consequência o desenvolvimento da confiança do aluno em sua própria capacidade de utilizar e fazer Matemática;
- as diferentes unidades de conteúdos não precisam ser tratadas de modo independente umas das outras, mas é importante abordá-las de forma integrada explicitando as conexões existentes entre elas. Por exemplo:
    - relacionar a construção dos números racionais com a necessidade de medidas;
    - relacionar a estrutura dos números racionais, na sua representação decimal, com a estrutura dos números naturais;
    - relacionar uma expressão algébrica com uma expressão aritmética homóloga, com uma representação geométrica que lhe corresponda ou ainda com operações que indiquem o cálculo de áreas de figuras planas, de distâncias entre pontos etc.;
- há situações e contextos diversos relacionados a uma noção matemática e uma mesma situação-problema pode relacionar uma gama variada de noções matemáticas;
- as diferentes atividades propostas ao aluno (exercícios, situações-problema, projetos etc.) são desencadeadoras de aprendizagem na medida em que despertem o seu interesse ou dele se aproximem, mobilizando saberes que ele já tem;
- a natureza das atividades propostas indica se é adequado o trabalho individual ou em grupo. Se a atividade individual

cumpre a importante finalidade de que o aluno se organize e se sinta confiante para resolver uma dada atividade, então o trabalho em grupos (de dois ou mais alunos) favorece a interação e troca de ideias, em que seus raciocínios e estratégias são explicitados e comunicados, podendo ser reformulados e validados. Porém, é necessário ter em conta que nenhuma dinâmica e forma de desenvolver o trabalho didático é, por si só, garantia de resultados auspiciosos no ensino e aprendizagem da Matemática. Um recurso, uma estratégia, por mais inovador que seja e por melhores que sejam as intenções do professor, sendo aplicado rotineiramente sem que esteja claro o sentido, sem preservar o interesse do aluno, perde a razão de ser;

- os recursos materiais utilizados (jogos, materiais estruturados etc.) são recursos que podem se prestar à representação ou à ilustração de uma ideia, auxiliando a compreensão de noções e procedimentos de cálculo ou de resolução de problemas, e não a finalidade da atividade. A mesma argumentação aplica-se à calculadora e ao computador, que podem ter papéis importantes no desenvolvimento de atividades relacionadas a conceitos numéricos, geométricos, resolução de problemas, realização de cálculos (mental, escrito, estimativo), tratamento de dados, construção de gráficos e figuras geométricas etc.;
- a avaliação em Matemática é uma fonte necessária para levantamento de informações sobre o ensino e a aprendizagem, sobre o que os alunos já sabem de Matemática e como sabem, sobre suas dificuldades. Para isso, é importante a diversificação das formas e dos instrumentos utilizados para avaliar a aprendizagem do aluno e o ensino, o que inclui a observação e acompanhamento das diferentes atividades desenvolvidas cotidianamente ou a aplicação de instrumentos específicos para esse fim: uma situação-problema, uma prova, um trabalho de pesquisa, uma lista de exercícios, uma narrativa etc.

A concepção de que o trabalho com Matemática na escola deva articular o conhecimento conceitual e o conhecimento da linguagem e os processos matemáticos para resolver problemas de forma significativa permite sistematizar alguns pontos, alguns dos quais já foram tratados nos Capítulos 2 e 3 deste livro, que configuram uma perspectiva metodológica para a construção de relação que desperte o interesse do aluno dos diferentes anos do Ensino Fundamental pela Matemática e que promova sua aprendizagem.

I. A resolução de problemas, tomada como uma via importante de abordagem das noções matemáticas, tem função primordial na construção dos conhecimentos matemáticos como alternativa à forma de apresentação dos conceitos por meio de definições e de modelos a serem copiados ou proposições formais e conclusivas que o aluno se encarrega de memorizar, quase sempre sem compreender.

Trata-se de uma compreensão mais ampla da resolução de problema orientada pela ideia de que um problema representa um contexto, uma situação, um lugar de produção de conhecimento, pois na resolução de problemas há uma participação efetiva do aluno, mobilizando sua percepção e conhecimentos para a elaboração e escolha de estratégias, recorrendo a alguma forma de registro para encontrar um sentido, ao considerar como um caminho que leve a uma possível solução do problema. Nessa orientação o problema deixa de ser considerado apenas como um meio para utilização de procedimentos padronizados induzidos por meio de questões capciosas contendo palavras-chave ou deixa de ser considerado como uma forma de aplicação de conhecimentos em que se relaciona a cada operação um tipo de problema a ser resolvido, utilizando-se necessariamente um tipo específico de algoritmo ou de equação. A resolução de problemas passa a ser uma situação, como motivação para que o aluno elabore/crie um caminho para encontrar a solução ou levante novas questões que levem a uma investigação.

II. A contextualização de conceitos e procedimentos matemáticos é uma proposição também importante que se opõe à ideia de que os problemas ensinados na escola não precisam expressar situações reais ou que os procedimentos utilizados não precisam ser compreendidos, mas apenas mecanizados. Tal enunciado contém preocupação a ser traduzida por meio da proposição de situações em que os alunos relacionem um problema resolvido por um determinado procedimento e que esse procedimento possa ser utilizado em um problema distinto que apresente uma situação significativa, em contexto diverso no qual o aluno reconheça similaridades ou conexão com o já conhecido.

Entender o conceito de porcentagem no âmbito estrito do desenvolvimento das propriedades dos números racionais, por exemplo, pela ideia de equivalência de frações, utilizando um jogo de frações ou uma folha de papel, resulta insuficiente para a compreensão da noção. Faz-se necessário explorar a noção de porcentagem em contextos discretos,[3] como em populações, coleções de objetos, e em contextos contínuos,[4] como um disco ou gráfico de setor circular, em situações como: censos populacionais, distribuição orçamentária e cálculos de salários etc., o que permite a utilização de diferentes tipos de procedimentos e notações, não se restringindo exclusivamente à utilização do dispositivo da regra de três.

III. Outro aspecto importante refere-se a **trabalhar um mesmo conceito matemático em diferentes situações-problema e trabalhar situações-problema que representem um contexto em que são mobilizadas ideias relativas a diferentes conceitos**. Esta ideia opõe-se ao ponto de vista de que um conceito matemático é desenvolvido na medida em que se resolve um determinado tipo de problema. Ao contrário, os estudos em Educação Matemática que trouxeram particularmente como referência a perspectiva de Gerard Vergnaud[5] têm indicado que a uma dada noção matemática podem corresponder variados tipos de problemas relacionados a diferentes contextos.

---

3. Contextos discretos: contextos em que são tomadas como referência grandezas cuja unidade é una, indivisível.
4. Contextos contínuos: contextos em que são tomadas como referência grandezas que podem ser fracionadas, subdivididas, separadas, indefinidamente podendo ser mensuradas ou não.
5. Gerard Vergnaud, 1990, *Teoria dos campos conceituais*.

Por exemplo: a equação 2x + 2y = 20 traduz tanto a expressão: *a soma dos dobros de dois números é 20* como pode representar o problema: *Quais medidas podem ter os lados de uma sala retangular (conforme representação a seguir) cujo perímetro mede 20 metros?*

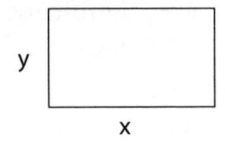

y ▭
  x

Pode-se afirmar que os dois problemas têm "estruturas isomorfas", ou seja, são problemas com enunciados diferentes, mas que são representados por uma mesma expressão matemática. Esses ensejam discussões sobre possibilidades (quantidade) de respostas em cada caso e sobre restrições (relacionadas a qual ou a quais campos numéricos considerar) que podem ou não ser estabelecidas conforme for o objetivo da abordagem.

Também é necessário explorar situações em que diferentes noções matemáticas possam ser relacionadas entre si, indicando que os problemas que a Matemática ajuda a resolver requerem a organização de ideias em diferentes domínios da Matemática e, por vezes, envolve diferentes áreas de conhecimento. Por exemplo: *Com base na planta baixa de uma casa, desenhada na escala 1 cm: 50 cm (1/50), determinar a quantidade e o custo do material necessário para o piso dos três dormitórios cujas medidas estão indicadas na planta. O preço do material para o piso é de R$ 250,00 o m^2.* Uma análise da situação-problema permite identificar que estão envolvidas as noções de: operações razão, fração, proporção, escala, medidas (comprimento, superfície), sistema métrico decimal, cálculo de áreas de figuras planas etc., o que permite explorar a situação-problema sob diferentes aspectos por meio de questões ou da formulação de outros problemas nos quais cada uma das noções relacionadas seja objeto de discussão.

IV. Um conteúdo matemático pode ser trabalhado com progressivos graus de aprofundamento. Este é um princípio que rege o estabelecimento do conjunto de expectativas para os diferentes anos do Ensino Fundamental. Nele observa-se que determinadas expectativas estão previstas para o período de mais de um bimestre e, em alguns ca-

CAPÍTULO 4   Ensinar e aprender Matemática no Ensino Fundamental

sos, para além de uma série ou dando continuidade a estudos iniciados no ciclo anterior. Por exemplo, uma expectativa a ser alcançada no ensino para sexto e sétimo anos, *coletar dados sobre fatos e fenômenos do cotidiano, utilizando procedimentos de organização, e expressar o resultado em tabelas, gráficos de colunas, linhas e barra*, pode figurar entre expectativas para o oitavo e nono anos com uma pequena alteração, *coletar dados sobre fatos e fenômenos do cotidiano, utilizando procedimentos de organização, e expressar o resultado em tabelas, gráficos de colunas, linhas, barra e setores*, indicando que se trata de um conteúdo que será trabalhado em cada biênio, não de modo repetido, mas aprofundando-se os aspectos conceituais, as situações a serem trabalhadas, de um ano para outro. Embora esteja prevista a leitura de diferentes tipos de gráficos, inclusive o de setor circular (no que intervém percepção do tamanho das partes), é a partir do oitavo ano que se propõe a construção do gráfico de setor apoiado nos aspectos conceituais envolvendo o trabalho com medidas de ângulo (utilizando o transferidor) e com o cálculo de área do setor circular (o que requer o uso de régua e compasso para dividir o círculo em partes iguais). Assim, várias noções serão utilizadas ou desenvolvidas num espaço de tempo maior e com maior grau de aprofundamento.

V. A perspectiva metodológica até aqui discutida confere um caráter à **avaliação como dinâmico, estruturante e articulador do processo de ensino e aprendizagem** que constitui desafio ao professor, uma vez que não é suficiente voltar a atenção exclusivamente para os resultados certos ou errados, como ocorre com frequência nas avaliações externas, em larga escala, na modalidade de testes de múltipla escolha. Em Matemática, essa prática de avaliação tem sido privilegiada e impõe-se como padrão a ponto de ter força para pautar a dinâmica de sala de aula, modelando o ensino, de modo que os alunos sejam treinados para esse tipo de avaliação e assim consigam melhor resultado.

O que foi indicado, anteriormente, como aspectos principais do ponto de vista das expectativas com o ensino de Matemática é que os alunos desenvolvam a capacidade de resolver problemas, de raciocinar matematicamente, de representar e comunicar os significados construídos, com uma atitude de interesse pela Matemática e de confiança na sua capacidade de aprender. Nessa medida, a avaliação precisa voltar-se para o acompanhamento cotidiano desse processo, identificando o que os alunos já sabem e como sabem, as dificuldades nessas áreas para que o professor reoriente o seu ensino. Para isso, é necessário o planejamento e a utilização de formas e de instrumentos diversificados para a avaliação pontuando as expectativas a serem avaliadas, levando-se em conta que em uma classe nem sempre todos os alunos atingem as expectativas previstas.

As considerações desenvolvidas anteriormente sustentam o ponto de vista de que aprender Matemática pode ser uma atividade acessível a todos e pode envolver os alunos e despertar sua curiosidade, criatividade e interesse, permitindo ao professor tratar os diferentes tipos de dificuldades mencionadas como elementos que fazem parte do processo de ensinar e aprender Matemática, como novas fontes de problematização, de enriquecimento da atividade de sala de aula. Entretanto, a expressiva presença da Matemática na grade curricular do ensino básico por vezes alimenta a ideia de que se trata de uma disciplina que tem a obrigatoriedade de ser difícil e mais exigente com a participação dos alunos e na realização de tarefas. Tal presença da Matemática não significa que um conjunto de outras disciplinas do currículo seja menos importante, pois cada disciplina cumpre um papel na formação dos alunos. Pode-se ressaltar que um maior tempo de aulas impõe maior desafio ao professor, seja pelo aspecto positivo de dispor de mais tempo para o desenvolvimento de atividades e propostas na sala de aula que promovam a aprendizagem do aluno, seja pela dificuldade de manter o interesse e a participação do aluno na aula durante um tempo maior do que aquele que é reservado a outras disciplinas.

CAPÍTULO 5
Sobre avaliações e avaliação em Matemática: *a Finlândia não é aqui!*

Introdução

A ideia de que existe uma ideologia[1] da avaliação e que essa ideologia é uma das grandes imposturas da última década são duas teses discutidas por Yves Charles Zarka (2009), para quem a ideologia da avaliação vem se "espalhando como fogo por toda parte sem respeitar limites de idade (avaliam-se crianças no maternal), nem de setor (o ensino, a pesquisa, a cultura, a arte etc.) não escapam nem mesmo as dimensões mais remotas da personalidade ou da intimidade dos atores"[2] (Zarka, 2009, p. 3).

Büttgen e Cassin (2009) discutem a avaliação no mundo como uma componente de reformas e revisão de políticas públicas que classifica e posiciona o papel e a força dos Estados. A avaliação hoje

---
1. Na acepção de Marx, ideologia é uma visão do mundo ou, nas palavras de Zarka (2009), é uma representação ilusória que transforma ou mesmo inverte a realidade e suscita a crença ou adesão. Para esse autor, a realidade não é simplesmente local, ela compreende um conjunto de práticas e de atividades que se inscrevem nas instituições, organismos, estabelecimentos públicos ou privados.
2. Tradução livre do autor.

atinge a saúde, a justiça, a polícia, a gestão dos fluxos migratórios, a chamada identidade nacional, a educação infantil, o Ensino Fundamental e médio, o ensino superior e a pesquisa. Zarka (2009) aponta para uma inversão ideológica que consiste em fazer passar para uma medida objetiva, factual, numerada aquilo que é um puro e simples exercício de poder, ou seja, a avaliação é um modo pelo qual um poder (político ou administrativo, geral ou local) exerce seu controle sobre os saberes ou as competências que presidem as diferentes atividades pretendendo fornecer um critério de verdade. Assim, nessa perspectiva, a avaliação e, por consequência, o avaliador se colocam como portadores "de um supra saber, um saber sobre o saber, uma supra competência, uma competência sobre a competência, uma supra *expertise*,[3] uma *expertise* sobre a *expertise*"[4] (p. 4). A armadilha, a grande impostura para Zarka (2009) está em fazer crer que existe um sistema de valores objetivo, ao qual é sempre possível lhe opor outro sistema de valores, que esse sistema de valores se aplica a ele mesmo e ao poder que o produziu. Para esse autor, a impostura está também em fazer crer que fora do sistema de avaliação não haveria outra possibilidade de examinar, apreciar ou julgar diferentes atividades de ensino, de pesquisa, mas também nem de cuidar, nem de praticar o exercício da justiça etc. Tais ideias significam distorções que conferem à avaliação e aos seus resultados atribuições que extrapolam o seu alcance original, uma vez que as ações e práticas sociais passam a ser orientadas com o fim principal de atender parâmetros da avaliação. Fazer porque é necessário ou porque se sabe é menos importante do que fazer para preencher exemplarmente critérios avaliatórios.

Hadji (2012), tratando dos usos e fins da avaliação de uma ação social, em particular de uma ação educativa, pondera que uma avaliação pode ter como fim informar o mais objetivamente possível os atores sociais e pode ter também por função tanto apreciar o grau de domínio de uma competência por um aluno como permitir a classificação dos sujeitos ou de uma escola.

---

3. *Expertise*, palavra de origem francesa que significa *experiência, especialização, perícia*.
4. Tradução livre do autor.

CAPÍTULO 5 Sobre avaliações e avaliação em Matemática: a Finlândia não é aqui!

Os discursos sobre avaliação e as práticas avaliatórias em todas as esferas se recompõem e se firmam como sistema principal de controle, de correção de rotas e tomadas de decisões que pautam práticas e o próprio discurso.

Estando de acordo com esses autores, cabe considerar a projeção desse sistema no campo educacional, procurando centrar-nos naquilo que concerne às práticas de avaliação de desempenho, de aproveitamento dos estudantes da educação básica em Matemática ou ao desenvolvimento da aquisição de competências, expectativas e/ou habilidades matemáticas como costumam ser nominados os objetivos da avaliação nos currículos e nas matrizes elaboradas para as avaliações externas. Cabe situar que as práticas e modalidades de avaliações realizadas no Brasil alinham-se com o movimento internacional que estabelece e generaliza tais práticas porque, conforme mencionado anteriormente, as avaliações aplicadas ao sistema de ensino oferecem os indicadores que posicionam os países na escala classificatória segundo o critério do desenvolvimento social e de força política e econômica.

Não convém, portanto, ignorar a importância que têm desempenhado as avaliações empreendidas por organismos internacionais como as do *Programme for International Student Assessment – PISA* (Programa Internacional de Avaliação de Alunos).

O Brasil e a Finlândia no PISA

O PISA foi criado pela OCDE (Organização para a Cooperação e Desenvolvimento Econômico) em 1997 com o objetivo de avaliar os sistemas de ensino em todo o mundo a cada três anos e teve sua primeira edição no ano 2000. Atualmente, quase 70 países e economias participam desse programa (o Brasil está entre os vários países não membros da OCDE que participam do programa, como países convidados)[5]. Trata-se de uma avaliação mundial, em larga escala, da qual participam amostras de estudantes dos diferentes países.

---

5. Em outubro de 2013, o Brasil assinou convênio de adesão ao PISA com a OCDE, no qual o Brasil passa a ser o primeiro país não membro da OCDE a fazer parte do conselho diretor do programa.

Além disso, o PISA objetiva se os estudantes, aos 15 anos, adquiriram conhecimentos e habilidades essenciais para uma participação plena em sociedades modernas. Uma de suas principais características é a produção de indicadores que contribuam para a discussão da qualidade da educação nos países participantes, de modo que subsidiem políticas de melhoria da educação básica. A avaliação procura verificar até que ponto as escolas de cada país participante estão preparando seus jovens para exercerem o papel de cidadãos na sociedade contemporânea" (Brasil, 2012, p. 11).

Os estudantes que participam do PISA são selecionados de uma amostra aleatória de escolas públicas e privadas. Eles são escolhidos pela idade (15 anos e três meses e 16 anos e dois meses no início da avaliação), no nível de ensino em que se encontram. Cada uma das avaliações do PISA tem tido como foco uma área específica: leitura (em 2000), matemática (em 2003) e ciências (em 2006). Com base na avaliação de 2009 teve início uma nova rodada de avaliações repetindo-se os focos: 2009 (leitura), 2012 (matemática) e 2015 (ciências). Além das provas contendo questões abertas e de múltipla escolha, também são aplicados questionários aos alunos e à escola visando o levantamento de um conjunto de informações para "elaboração de indicadores contextuais os quais possibilitam relacionar o desempenho dos estudantes a variáveis demográficas, socioeconômicas e educacionais" (Brasil, 2012, p. 14).

O PISA surge no cenário mundial como elemento gerador de reformas e de alinhamento de políticas públicas educacionais, das quais as reformas curriculares e a adequação dos cursos de formação docente para a educação básica são as mais evidentes, especialmente nos países da Comunidade Europeia. As referências, os modelos a serem almejados e copiados, passam a ser os sistemas públicos de educação dos países que ocupam o topo da pirâmide erigida a partir dos resultados nas avaliações educacionais. Conjugando ótimos indicadores do PISA, com invejáveis índices socioeconômicos, a Finlândia virou país símbolo, referência obrigatória para os países do ocidente, mesmo para aqueles cujas realidades social, econômica, educacional são incomparáveis.

CAPÍTULO 5 Sobre avaliações e avaliação em Matemática: a Finlândia não é aqui!

Robert (2008) realizou um estudo com o objetivo de reunir informações sobre o sistema educativo finlandês, analisando as condições que levam a Finlândia a obter resultados exemplares no PISA, e subentende-se que o autor procura tirar lições que possam inspirar mudanças na escola básica de outros países, especialmente no seu país, a França, cuja posição na escala de classificação não vem sendo considerada satisfatória. O autor destaca alguns aspectos da análise dos resultados obtidos pelos estudantes nas avaliações e do contexto social finlandês que, a seu ver, revelam a equidade da educação no país: uma proporção mais elevada do que em outros países de alunos que alcançam um bom nível de *performance*; a disparidade de *performances* entre alunos muito menor do que em outros países; uma pequena proporção de alunos situados abaixo da escala; uma baixa variação de resultados entre estabelecimentos; uma excepcional capacidade de corrigir os efeitos das desigualdades sociais. O autor procura identificar os princípios fundamentais que regem o sistema educativo finlandês: a obrigatoriedade da escola dos 7 aos 16 anos que oferece um Ensino Fundamental unificado; direito igual a um ensino da sua língua materna para as diferentes comunidades; igualdade de acesso à educação; gratuidade da educação; igualdade de chances para alunos com "necessidades especiais". O país oferece um sistema público de ensino com a seguinte estrutura: 1) jardim de infância; 2) educação pré-escolar (para despertar a curiosidade das crianças); 3) educação escolar fundamental; 4) ensino médio profissional; e 5) ensino médio geral. Embora esses sejam elementos comuns aos sistemas educativos da maioria dos países, a qualidade do sistema de ensino no país ocorre pelo conjunto de políticas que são desenvolvidas: o investimento constante e expressivo no ensino; a valorização profissional do professor (1 entre 4 jovens tem aspiração de ser professor); a integração social; aplicação de direitos iguais a todos etc.

As informações reunidas são interessantes e se, por um lado, revelam como é a escola finlandesa e alguns elementos essenciais que podem explicar o sucesso do país nas avaliações, por outro, não nos parece claro concluir que seja possível transportar um modelo para outro contexto com características e condições bem particulares.

Desde a primeira edição do programa, a Finlândia tem estado à frente, ocupando as primeiras posições entre os países com melhores resultados. O que de fato sinalizam esses resultados?

Tabela 5.1 Resultados do Brasil e da Finlândia nos exames do PISA de 2000 a 2012.

ANO	2000			2003			2006			2009			2012		
Áreas	L	M	C	L	M	C	L	M	C	L	M	C	L	M	C
Finlândia	546	536	538	543	544	548	547	548	563	536	541	554	524	523	545
Classificação	1º	4º	3º	1º	1º	1º	2º	2º	1º	3º	6º	2º	6º	10º	5º
Brasil	396	334	375	403	356	390	393	370	390	412	386	405	410	391	405
Classificação	39º	42º	42º	39º	41º	39º	48º	53º	53º	53º	57º	53º	55º	58º	59º

Domínios de conhecimento enfatizados: 2000 (Leitura); 2003 (Matemática); 2006 (Ciências); 2009 (Leitura); 2012 (Matemática).
Fonte: http://portal.inep.gov.br/internacional-novo-pisa-esultados. Acesso em: 9 de maio de 2014.

Pequenas flutuações nos resultados, em um ou outro aspecto, não afetam o *status* alcançado por esse país, diante de outros, o que tornou o seu sistema educativo objeto de interesse dos demais. Num extremo oposto encontra-se o Brasil, que sempre se manteve no grupo de países com os resultados mais baixos. Ainda que tenha tido uma pequena melhora nos resultados da avaliação de 2009, mantendo estável nas três áreas em 2012 e apresentando uma tímida melhora de posição na classificação dos países, não é possível dimensionar precisamente o que significa uma alteração como essa. Significa um pequeno avanço na aproximação do modelo ou uma adequação do currículo e do ensino praticados nas escolas às orientações e parâmetros que as avaliações carregam?

Os aspectos a serem discutidos com base na realidade criada ou revelada com programas de avaliação como o PISA estão na iniciativa de globalizar a avaliação do ensino envolvendo países membros e países convidados da Organização para a Cooperação e o Desenvolvi-

CAPÍTULO 5   Sobre avaliações e avaliação em Matemática: a Finlândia não é aqui!

mento Econômico (OCDE) que, como discute Ferrero (2005), nas suas origens tem pouco a ver com a educação, impactando e modelando as avaliações locais (nacionais, estaduais e municipais), com todas as consequências benéficas, ou não, e das quais os organismos responsáveis pela avaliação da educação no Brasil não conseguem e nem querem escapar.

Espírito e rotinas de avaliação em escolas brasileiras

Nas práticas de avaliação observadas na escola de hoje, identifica-se a presença de orientações tributárias de diferentes modelos teóricos produzidos historicamente que oscilam entre o ponto de vista que considera a avaliação com o objetivo de selecionar ou classificar os alunos pelo seu grau de sucesso ou fracasso na aprendizagem (Grégorie, 2000) e o ponto de vista interessado em identificar os fatores implicados no desempenho escolar do aluno. Expressam, assim, tais orientações o modo possível de avaliar de acordo com as condições em que atua e ao modo como atua o professorado no contexto educacional brasileiro.

Trabalhos como os de Abrantes (1995), Rivilla (1998), Llinares e Sánchez (1998), Bideaud (2000), Grégorie (2000) e Hadji (2012) indicam como finalidade da avaliação melhorar o processo global de ensino-aprendizagem, no qual estão incluídos o aluno, o professor, os programas e o sistema educacional, indo além das perspectivas que privilegiaram, em diferentes períodos históricos, ora a avaliação da capacidade cognitiva dos alunos, ora os objetivos educacionais. As formas e instrumentos adotados para avaliar se diversificaram e passaram a cumprir objetivos diferentes. Além de testes psicométricos, provas, há análises diagnósticas com vistas à interpretação das dificuldades e erros observados nas práticas de sala de aula. O visível progresso no terreno das ideias pedagógicas não tem se refletido completamente no campo das práticas de avaliação. As formas inovadoras de avaliação ainda são tratadas como experimentos localizados.

As características do que se configura como uma concepção de avaliação –, por vezes denominada formativa, processual, contínua, holística etc., ao que parece, não têm sensibilizado a impenetrabilidade da instituição escolar, dado que os indicadores atuais do aproveitamento dos alunos advêm das inúmeras testagens, avaliações em larga escala, que passaram a fazer parte da vida escolar e que se impõem, se "naturalizam", como forma principal de avaliação, com repercussão maior do que aquela que lhe caberia, tendo força para desvirtuar o curso das práticas pedagógicas e atravancar o desenvolvimento curricular porque as avaliações submetem a energia mobilizada em toda a instituição escolar aos seus fins. Assim, essas práticas, por não conseguirem e não se proporem a enxergar nuances, nem a abrangência e complexidade do processo de aprendizagem e ensino, terminam por sufocar e anular o peso que têm avaliações inerentes à dinâmica de interação e comunicação entre professores e alunos e entre alunos estabelecida no cotidiano das salas de aulas.

A tradição da avaliação praticada nos sistemas educativos tem privilegiado critérios e um tipo padrão de instrumento que consegue aferir apenas uma pequena parte do processo vivido pelo aluno, aquela que diz respeito a certas capacidades e procedimentos relacionados a conteúdos específicos. Por extrapolar a função reguladora do sistema educativo, na medida em que altera a dinâmica interna das salas de aula mais do que deveria, a força desse modelo tem como consequência o deslocamento do foco das críticas para suas características restritivas que ignoram inúmeras atitudes e competências promovidas nessa dinâmica da sala de aula.

Hoje, pode-se observar uma mudança no discurso trazida pelas diferentes orientações curriculares, das oficiais às extraoficiais, mas permanece uma prática pedagógica e uma sistemática de avaliação incoerente com esse discurso e alheia ao que é significativo à aprendizagem do aluno e às finalidades do ensino postuladas em currículos. Da parte de professores da escola básica que têm frequentado cursos de capacitação docente e projetos de pesquisa realizados pela universidade, as principais dificuldades apontadas que podem justificar a resistência a mudanças, as mais incisivas, referem-se a: desinteresse do

CAPÍTULO 5 Sobre avaliações e avaliação em Matemática: a Finlândia não é aqui!

aluno, número de alunos por classe, indisciplina, falta de tempo para a introdução de recursos diferentes. Tais dificuldades são mencionadas como elementos interpostos, no dia a dia escolar, diante dos quais se sentem impotentes.

A realidade do aproveitamento dos alunos nas escolas de Ensino Fundamental também tem sido mostrada pelos resultados de avaliações externas realizadas sob essa perspectiva. Embora não sejam as únicas avaliações externas, o sistema de avaliação da Educação Básica (Saeb) do MEC, é composto de três avaliações: 1) Avaliação Nacional da Educação Básica (Aneb); 2) Avaliação Nacional do Rendimento Escolar (Anresc)/Prova Brasil e 3) Avaliação Nacional da Alfabetização (ANA). São avaliações que expõem limites e dificuldades da escola e do seu ensino e têm forte impacto sobre sua organização e funcionamento pedagógico. Diante da dificuldade de melhorar a qualidade do ensino oferecido, um dos modos de a escola assimilar a rotina de avaliações e atenuar o impacto dos baixos resultados é render-se à lógica que tal rotina inaugura. Distanciando-se dos propósitos iniciais e dos benefícios proporcionados pelo aprofundamento do conhecimento teórico e pelo aprimoramento de metodologias de avaliação e testagem em larga escala, ocorrem inversões na dinâmica escolar quando os objetivos (traduzidos em matrizes de competências e habilidades) da avaliação são transformados em agente indutor do currículo praticado e os bônus auferidos com os bons resultados (prêmios, comendas, projeção na mídia etc.), em motivação primeira para o trabalho pedagógico. São elementos que se interpõem ao processo de gestão pedagógica da unidade escolar ou da sala de aula, distorcendo a dinâmica das ações e das relações no interior da escola porque priorizam aspectos parciais do complexo processo de ensino e aprendizagem.

No âmbito do sistema educacional brasileiro, várias decisões e mudanças gerais importantes como as que ocorreram nas três últimas décadas no campo das orientações curriculares, na organização dos níveis de escolarização (mudança de seriação para ciclos), no sistema de progressão dos alunos de um ano para outro ou de um ciclo para outro, nas diretrizes para os cursos de formação de professores etc., cada vez mais têm levado em conta os índices de desempenho dos alunos nas avaliações externas. Trata-se de uma tendência crescente considerar o papel dessas avaliações (nacionais ou internacionais) nas decisões educacionais em outros países.

Mas, a despeito das metas e justificativas relacionadas às decisões que resultam nessas mudanças, como melhorar a qualidade do ensino básico, reduzir os altos índices de repetência e evasão escolar, melhorar o aproveitamento dos alunos, não é difícil constatar que a implicação não é direta nem imediata, uma vez que fatores decisivos como a formação e as condições de trabalho dos docentes não figuram como metas prioritárias. Os resultados continuam insatisfatórios: os alunos não reprovam, mas fracassam no seu aprendizado (Santos, Teixeira e Morellatti, 2003).

Avaliação em Matemática: o que compete ao professor

Quando a área de conhecimento envolvida é a Matemática, manifestam-se de modo mais forte a dimensão métrica e o caráter rigoroso da avaliação creditados à natureza da área. Nessa área de conhecimento, como em nenhuma outra, a prática da avaliação com tais características se confunde com características do próprio exercício de ensinar Matemática. E a predisposição negativa do aluno para a aprendizagem, que começa a ser gerada anterior e exteriormente à escola (Santos, 1990), representa de antemão uma resistência a qualquer tipo de trabalho pedagógico.

Assim, o caráter da avaliação em Matemática tem oscilado entre uma acentuada perspectiva métrica, em que se atesta e quantifica o rendimento do aluno, e uma tímida perspectiva formativa, na qual se identificam e se interpretam elementos subjacentes ao desempenho desse aluno com vistas à reorientação e continuidade do processo de ensino e aprendizagem em Matemática. Uma interpretação das finalidades e dos resultados das práticas de avaliação predominantes entre nós (tanto as de origem externa quanto as de origem interna à escola) põe em evidência o lugar que o professor de Matemática tende a ocupar nessas práticas: 1) como principal responsável pelos resultados negativos das avaliações externas e dos altos índices de reprovação na

CAPÍTULO 5   Sobre avaliações e avaliação em Matemática: a Finlândia não é aqui!

escola; 2) como sujeito desautorizado pelas decisões externas que o deixam alheio em relação ao currículo, à organização do ensino (correção de fluxo, aceleração da aprendizagem, criação de ciclos, escola de nove anos) e ao sistema de promoção dos alunos (progressão continuada, progressão automática). Esse lugar reservado ao professor faz que as decisões afetem sua conduta profissional e sua autonomia, uma vez que os resultados negativos o pressionam a adequar seu tempo, seu currículo e as suas aulas a uma dinâmica que resulte em melhoria dos indicadores nas próximas avaliações.

Ao fazer uma análise do ensino de Matemática, dos baixos índices de aproveitamento dos alunos e das consequências que pesam sobre seus ombros, não se pode deixar de lado a estreita relação que há entre aprendizagem e formação do professor. As dificuldades de aprendizagem dos alunos têm várias causas e grande parte delas dizem respeito ao preparo dos seus professores e ao tratamento dispensado ao ensino de Matemática nas salas de aula (Santos, Teixeira e Morellatti, 2003).

O perfil profissional do professor de Matemática é marcado também por dificuldades na sua formação. No caso do professor do ciclo I do Ensino Fundamental, formado outrora em um curso de magistério ou em cursos de Pedagogia, verifica-se uma formação específica em descompasso com a formação pedagógica, que não oferece os elementos necessários para que o professor desenvolva uma satisfatória iniciação matemática dos alunos. No entanto, já há uma ampla concordância com o ponto de vista de que saber matemática é uma condição necessária, porém não suficiente para realizar de modo satisfatório o processo de ensino e aprendizagem na escola. O conhecimento específico da disciplina ocupa, sim, um lugar importante no espectro de saberes necessários ao professor que ensina Matemática. Assim, as análises que procuram entender o fenômeno do baixo rendimento escolar e a tendência de rendimentos decrescentes nos sucessivos anos do Ensino Fundamental detêm-se na figura do professor como elemento-chave do processo educativo, do qual depende boa parte das mudanças necessárias, havendo, para isso, a necessidade de aprofundar o conhecimento do professor e do futuro professor sobre os processos envolvidos na relação ensino e aprendizagem, bem como as suas dificuldades.

Como elemento subjacente a esse tipo de ensino e formação, há o sistema de avaliação distanciado de suas finalidades, centrado em aspectos parciais da aprendizagem. Em tal sistema, a avaliação consagrou-se como prática identificada com o fracasso do aluno. Trata-se de uma prática que se opõe a uma avaliação múltipla comprometida com o sucesso do aluno, na sua aprendizagem e com o sucesso do professor na sua atividade docente. Que esteja voltada para o acompanhamento sistemático do trabalho pedagógico, que realce o que os alunos sabem, que identifique dificuldades específicas, com possíveis interpretações destas, que subsidie a reorientação do trabalho do professor para a efetiva integração, no processo regular de ensino e aprendizagem, dos alunos com dificuldade, em vez de acentuar sua marginalização e consequente exclusão desse processo.

Em meio a cada resultado negativo indicado por avaliações pontuais ou pela visibilidade que os resultados de avaliações externas têm nos meios de comunicação, ouve-se no seio da própria escola, pela voz de professores quase sempre acuados e insatisfeitos, argumentos que destinam aos alunos e respectivas famílias a responsabilidade pelo seu próprio fracasso, indicando uma flagrante nostalgia, em relação a uma escola idealizada de alunos disciplinados, interessados, pertencentes a famílias atentas à escolaridade dos filhos e que os ajudam nas lições de casa, cumprindo algo que, inversamente no âmbito familiar do aluno real, é esperado da escola. O desencontro entre expectativas dos sujeitos reunidos direta, ou indiretamente, na instituição escolar completa o círculo vicioso que faz da escola um terreno fértil para germinar o fracasso de alunos e professores.

Em condições iguais a essas, ganha força a noção de que a expectativa com o conhecimento não é muito alta e que o papel da escola é ensinar apenas o que vai servir imediatamente ao aluno; em nome do interesse imediato do aluno, pratica-se um ensino que esvazia significados e finalidades que o aprender matemática possibilita.

Para compensar certa frustração em face de modelos de aluno, escola e sociedade idealizados, resta o desafio, aos professores, de aprimorar o conhecimento que têm, de reinventar o cotidiano das suas aulas, das suas estratégias de ensino, levando em conta que os alunos têm potencialidades e interesses com as aprendizagens. Percebê-las e trabalhá-las requer esforço e é um desafio para o professor.

As dificuldades de aprendizagem e a recuperação como via alternativa

Insistimos que a avaliação é o elemento que permite redirecionar o ensino. Se as experiências bem-sucedidas de alunos e professores em aprender e ensinar confirmam a eficácia da ação pedagógica, que devem ser exemplares, as experiências malsucedidas podem constituir-se em ponto-chave, não para confirmar que a escola e seus agentes são incapazes, mas que podem ser o motor do redirecionamento do ensino. Onde estão as dificuldades, qual sua natureza, que elementos a suscitaram, que alternativas pedagógicas podem ser planejadas?

Ao tentar recuperar o aluno, é frequente reproduzir as mesmas explicações. Se o aluno não entendeu antes, provavelmente não entenderá depois, tendo em vista que o processo de recuperação escolar muitas vezes se resume a uma ou duas semanas no ano, nas quais os conceitos são apenas brevemente retomados, quando são.

É importante que a recuperação ocorra simultaneamente às atividades da sala de aula, de forma individual ou coletiva, quando possível realizada pelo próprio professor, sendo assumida como uma dimensão importante do projeto pedagógico da escola. Se não, que ocorra num contexto externo à sala de aula, por especialistas, que não necessariamente o próprio professor, que possam identificar as dificuldades de aprendizagem dos alunos e suas consequências, as dificuldades específicas dos professores e as estratégias para a sua superação.

A palavra *recuperar* tem um sentido amplo e, embora esteja marcada por conotações negativas, dada a ineficácia de objetivos e programas realizados por diferentes tipos de instituições (escolas, hospícios, presídios etc.), entendemos que: 1) recuperar o aluno em Matemática é construir significados, na sua faixa escolar, para esse importante objeto de conhecimento, desenvolvendo a sua capacidade de seguir adiante com seus raciocínios. Ao identificar o ponto em que este foi bloqueado, reconstruir processos de aprendizado na noção matemática em questão, fazendo relação com outras que o aluno tenha disponível num contexto e numa escala de tempo diferentes dos observados na sala de aula regular; 2) recuperar significa, ainda, por meio de uma atividade escolar, criar ou restabelecer a autoconfiança desse aluno para a realização das suas tarefas escolares cujas consequências transcendem a prática escolar. Ou seja, pela reintegração do aluno na atividade cotidiana da sala de aula, o seu sucesso também pode se estender a outras atividades da sua vida, pela tomada de consciência da sua capacidade de aprender, pela recomposição da autoestima e da autoconfiança (Santos, Teixeira e Morellatti, 2003).

Para o professor, a recuperação pode representar um processo de ressignificação da sua prática pedagógica, na medida em que se habitue a mapear as dificuldades dos alunos, interpretá-las, identificando a sua natureza, as diversas origens que podem ter e buscar formas que viabilizem a continuidade da aprendizagem do aluno. Trata-se de um trabalho de pesquisa e intervenção, decorrente de avaliações, que reúne a função de capacitação e formação continuada de professores dos diferentes níveis de ensino aliada à perspectiva de enfrentamento de dificuldades de aprendizagem pelos alunos.

Qual o sentido maior da avaliação em Matemática?

Confundir avaliação com subárea do próprio ensino de Matemática, ou de alguma outra área, é resultado de uma prática distorcida que atribui demasiada importância à área e à avaliação em si. Não se deve esquecer, contudo, que a avaliação é parte integrante de qualquer processo de aprendizagem e que é nesta e não na avaliação que incidem os objetivos do ensino. A avaliação é, então, um elemento regulador da aprendizagem que oferece elementos por meio dos quais se gerariam novas oportunidades para o aprendizado influindo diretamente no trabalho do professor, reorientando-o em função das informações sobre dificuldades, erros, tendências, raciocínios, aptidões e interesses

CAPÍTULO 5   Sobre avaliações e avaliação em Matemática: a Finlândia não é aqui!

dos alunos. Elementos esses colhidos cotidianamente, utilizando-se de todos os recursos possíveis, entre os quais estão incluídos provas e testes. O caráter de quantificador da aprendizagem, invariavelmente associado a prova e testes, adquire fundamento, continua tendo importância, mas deixa de ser a única dimensão valorizada no processo avaliatório porque se dispõe, no desenrolar do trabalho pedagógico, de vários elementos qualitativos que podem ser utilizados no aprimoramento do ensino e da aprendizagem.

O andamento de pesquisas, a vasta literatura disponível sobre avaliação da aprendizagem e os movimentos feitos com vistas a mudanças nos currículos, desde a década de 1980 têm permitido firmar pensamentos, discursos e práticas entre educadores brasileiros para quem as expressões "avaliar é" ou "avaliar não é" ... podem ser completadas por uma variedade de verbos, substantivos ou adjetivos reveladores de uma perspectiva que inicialmente consideramos positiva sob dois aspectos. Em primeiro lugar, porque já é razoavelmente amplo o debate – as práticas nem tanto – referenciado em crítica a modelos que, com o tempo, se mostraram parciais, insuficientes e até equivocados no seu propósito de avaliar o ensino de Matemática. Em segundo lugar, porque as ideias hoje veiculadas tendem a considerar não só os aspectos objetivos e particulares de um determinado saber, mas acenam com a diluição de hierarquias impostas entre áreas de conhecimentos sem ignorar o que é próprio de cada uma delas, e refletem sobre o conjunto de ações e ralações estabelecidas na escola: o planejamento, o currículo, a metodologia de ensino, atitudes e procedimentos dos alunos diante de um domínio de conhecimento. Em resumo, trata-se de uma perspectiva em que avaliar a aprendizagem significa, com todas as implicações possíveis, levantar informações, interpretá-las, reconhecer dificuldades, erros e potencialidades dos alunos. Em consequência, significa também refletir sobre o ensino e reorientá-lo, incluindo o aluno com dificuldades, possibilitando-lhe retomar o curso da sua aprendizagem.

PARTE 2
ENSINAR E APRENDER MATEMÁTICA NA ATUALIDADE: EXCERTOS DE ESTUDOS

CAPÍTULO 6
Sobre a natureza do conhecimento matemático

Eliane Maria Vani Ortega
Profª Dra. da Universidade Estadual Paulista (Unesp)

Na prática da educação básica – mesmo se considerarmos as várias reformas curriculares sugeridas ao longo do tempo –, o ensino de Matemática não tem conseguido evitar que grandes parcelas de indivíduos se mantenham longe do conhecimento matemático.

Uma questão que surge quando se fala no acesso ao conhecimento matemático diz respeito aos profissionais de outras áreas do conhecimento, quando afirmam que saíram da educação básica sem terem compreendido conceitos matemáticos. Quando ouvimos esse tipo de discurso, é perceptível nessas pessoas um descontentamento por não terem compreendido os conceitos matemáticos ensinados na escola.

Santos (2008b, p. 2) afirma que diferentes orientações têm marcado o ensino de Matemática nas escolas. Essas orientações, vindas dos matemáticos, dos educadores ou da sociedade, têm sido baseadas em algoritmos, descobertas matemáticas, diferentes técnicas de ensino, diferentes recursos didáticos ou na função instrumental da matemática. Mesmo com tal diversidade, a matemática "segue inacessível a grandes parcelas de alunos em qualquer um desses diferentes tempos, perseverando, para muitos, como elemento associado ao insucesso nas suas experiências escolares". Assim, aqueles que não tiveram um contato adequado com a Matemática na educação básica e tornam-se professores dos anos iniciais, na maioria das vezes, acabam reproduzindo modelos vivenciados durante sua trajetória escolar.

Estudos em Educação Matemática têm demonstrado que muitos conceitos matemáticos são desenvolvidos de forma mecânica, superficial, sem que os alunos consigam atribuir significado.

English et al. (2002, p. 792) apresenta estudos que revelam uma preocupação cada vez maior em ensinar mais matemática a um número maior de pessoas.

> Numerosos outros autores têm relatado sugestões de como atingir maior equidade na aprendizagem em Matemática, tais como ajudar mais estudantes a verem a relevância e a utilidade da Matemática, a relacionar seus estudos na escola ao mundo e ao mundo do trabalho (Hoachlander, 1997) e a empregar estratégias de ensino que envolvam as crianças, que as desafiem matematicamente e valorizem suas ideias matemáticas (Lappan, 1999).[1]

O grande desafio é fazer que essas sugestões se transformem em práticas efetivas no ensino de Matemática nas escolas. Estudos relacionados ao processo de ensino e aprendizagem de Matemática muitas vezes são incorporados como discursos no interior das escolas, mas não se convertem em práticas de ensino que deem significado aos conteúdos matemáticos. As reformas curriculares ocorridas nos últimos anos no Brasil têm evidenciado tal situação. Mesmo com orientações que sugerem práticas que vão além da memorização, da abordagem mecânica e superficial dos conteúdos matemáticos, esse tipo de prática persiste nas salas de aula.

Com base nessas considerações, levantamos algumas questões e hipóteses: Por que tantas dificuldades e receios em relação à Matemática? Seriam em razão das formas de ensino? Seriam em razão de ser considerada "difícil" ou "muito abstrata"? Seriam em virtude de a Matemática se apresentar como uma linguagem específica?

Borba e Skovsmose (2001) afirmam que há uma ideologia da certeza que acaba transformando a Matemática em uma linguagem de

---

[1]. Tradução livre da autora.

poder. Em programas de televisão sobre ciências, nos jornais e nas escolas e universidades, é muito comum a abordagem da Matemática como estrutura estável e inquestionável.

Essa visão do conhecimento matemático acaba prejudicando uma maior aproximação dos indivíduos, que consideram necessário possuir habilidades especiais para a aprendizagem de tal conhecimento.

Quando fazemos essas reflexões, estamos entrando no domínio da Filosofia da Matemática, que investiga a natureza do conhecimento matemático, e também na Filosofia da Educação Matemática, que estuda de maneira abrangente e sistemática aspectos que envolvem a Educação Matemática.

De acordo com D'Ambrósio (1999), apesar de a Matemática como a conhecemos hoje ter se originado na região do Mar Mediterrâneo e ter sido imposta a todo o mundo moderno, precisamos compreender que as ideias matemáticas estão presentes em todas as civilizações, até nas que são consideradas marginais na história da humanidade, aquelas que não conseguiram exercer o poder sobre outras.

> As ideias matemáticas comparecem em toda a evolução da humanidade, definindo estratégias de ação para lidar com o ambiente, criando e desenhando instrumentos para esse fim, e buscando explicações sobre os fatos e fenômenos da natureza e para a própria existência. (D'Ambrósio, 1999, p. 97)

O homem foi construindo o conhecimento matemático ao longo de sua história. Aleksandrov (1985) afirma que podemos encontrar esse conhecimento desde os tempos da pré-história, na qual os homens, com base nas necessidades da experiência, iam acumulando noções e regras isoladas que eram validadas pelo simples fato de darem certo ou não. A partir do século V a.C., a Matemática começou a se caracterizar como conhecimento científico, por meio de conexões lógicas entre teoremas e demonstrações. Ocorreu que o conhecimento matemático como conhecimento científico começou a ser desenvolvido por meio de teorias que foram se tornando altamente abstratas e que acabaram se desobrigando da tarefa de ser instrumento de compreensão da realidade física. A partir do século XIX, cresceu acentuadamente o estudo de teorias que aparentemente não possuíam relações com necessidades da prática social e, atualmente, isso é realidade principalmente para aqueles que estudam o ramo da Matemática denominado "Matemática Pura".

Chamamos a atenção para esses aspectos da história da Matemática para que o leitor possa perceber que essa ciência foi sendo construída pelo homem ao longo de sua história e levou muito tempo para chegar à Matemática de hoje. Indivíduos que viveram em épocas e sociedades com características diferentes foram aos poucos construindo todo o arsenal matemático que ainda continua a ser investigado, construído, elaborado, reelaborado. Nosso intuito é desmitificar esse conhecimento como algo mágico, inalcançável, e caracterizá-lo como construção histórica, construção humana.

Não é de hoje o desejo dos homens de compreender a natureza do conhecimento matemático. Nem por isso o que temos produzido é constituído por respostas simples. Silva (1999) afirma que a Matemática enfrentou diversas crises de fundamentos, principalmente quando se viu diante de paradoxos envolvendo determinados conceitos. Essas crises impulsionaram as escolas de Filosofia da Matemática até o século XX. Entretanto, já no século IV a.C., Platão e Aristóteles debatiam questões sobre a natureza do conhecimento matemático.

De acordo com Cooney e Wiegel (2003) e com Davis e Hersh (1985), Platão acreditava que os objetos matemáticos tinham uma existência objetiva independente da mente humana. Dessa forma, um matemático não inventava coisa alguma, ele simplesmente descobria o que existia previamente. O conhecimento matemático era considerado como independente da experiência dos sentidos.

Aristóteles discordava de Platão quando defendia que nossos sentidos estavam na origem das ideias matemáticas. Já se identificava aí a separação entre racionalismo e experimentalismo, que aproximadamente 2000 anos depois de Platão foi reforçada pelas ideias de Descartes, que afirmava que havia coisas que não eram possíveis de serem conhecidas pelos sentidos. Dossey (1992) afirma que essa tensão entre racionalismo e experimentalismo motivou as três grandes escolas de pensamento: o logicismo, o construtivismo e o formalismo.

O logicismo tentou mostrar que as ideias matemáticas poderiam ser vistas como um subconjunto das ideias da lógica e, dessa forma, todas as verdades matemáticas poderiam ser provadas por axiomas e regras de inferência. Os principais articuladores dessa escola de pensamento foram Gottleb Frege, em 1884, e Bertrand Russel, em 1910 (Dossey, 1992; Ernest, 1998).

O construtivismo tem suas origens nos trabalho de L. E. J. Brouwer, por volta de 1908. Para Brouwer, os objetos matemáticos só poderiam existir se fossem construídos por um número finito de procedimentos, partindo dos números naturais e provados diretamente. Não eram aceitas, por exemplo, as provas matemáticas por contradição (Davis e Hersh, 1985).

O formalismo, desenvolvido por David Hilbert no início do século XX, fundamentava-se na compreensão das ideias matemáticas como sistemas formais de axiomas (Dossey, 1992). Para Davis e Hersh (1985), os formalistas tentaram tornar a Matemática segura, transformando-a num jogo sem sentido.

Segundo Silva (1999), apesar da especificidade de cada uma dessas correntes, todas concordam que a matemática ocupa um posto único no conjunto do conhecimento humano.

> Contrariamente às ciências naturais, a matemática não é, creem os adeptos dessas correntes, aberta à falsificação empírica, quer porque como lógica pura ela seja constitutiva da própria razão e, portanto, anterior à experiência, quer porque como um jogo formal a ela não caiba nenhuma noção própria de verdade que possa ser posta ao crivo da experiência, quer porque como uma vivência essencialmente privada ela não esteja submetida senão à evidência interna. (Silva, 1999, p. 48)

De acordo com o autor, outro ponto de concordância entre as três correntes (logicismo, construtivismo e formalismo) refere-se à crença de que asserções matemáticas, a partir do momento em que são aceitas, não estão mais sujeitas a revisão.

Ernest (1991) denomina essas correntes de absolutistas e afirma que a Matemática tem sido considerada tradicionalmente uma ciência cujas verdades são inquestionáveis e infalíveis. A visão absolutista do conhecimento matemático compreende que esse conhecimento é feito de verdades absolutas. Para Ernest, a estrutura lógica construída por Euclides foi tomada como o paradigma no que diz respeito ao estabelecimento da verdade e certeza até o final do século XIX.

Consideramos que o predomínio dessas ideias em relação ao conhecimento matemático como absoluto, não aberto a revisões, tem influenciado de maneira acentuada a relação que os aprendizes estabelecem com o aprender matemático. Mesmo havendo críticas às correntes absolutistas e referências a outros modos de pensar a Matemática nos últimos anos, a influência dessas correntes pode ser sentida quando ouvimos discursos dos alunos aprendizes de Matemática que passaram por toda a escolaridade básica sem ter compreendido o significado de importantes conceitos matemáticos e, quando perguntados sobre as possíveis causas das dificuldades, muitas vezes afirmam: "é a matemática, ou você erra, ou você acerta", "não tem meio termo", "é exata", "é muito difícil". Essas respostas identificam-se com as correntes absolutistas.

De acordo com Ernest (1991), as posições falibilistas tecem duras críticas ao absolutismo, já que entendem que a Matemática é corrigível, falível, aberta a revisão e um produto de mudança social.

As posições falibilistas não consideram que as verdades matemáticas são absolutas, pois as provas dedutivas de um teorema ou proposição matemática partem de suposições iniciais, as quais nem sempre constituem verdades absolutas, sendo na maioria das vezes condicionais. Para esse autor, se considerarmos teorias desenvolvidas no interior da própria Matemática, como, por exemplo, o Teorema da

CAPÍTULO 6   Sobre a natureza do conhecimento matemático

Incompletude de Gödel,² concluiremos que as provas dedutivas não são suficientes para demonstrar todas as verdades matemáticas.

> Cada uma das três escolas de pensamento, logicismo, formalismo e intuicionismo (a mais claramente enunciada forma de construtivismo), tenta fornecer uma base firme para a verdade matemática, ao deduzir pela prova matemática, um reino de verdade restrito, mas seguro. Em cada caso há a formulação de uma base segura do que seria a verdade absoluta. Para os logicistas, formalistas e intuicionistas, esta formulação consiste na lógica de axiomas, nos princípios intuitivos: princípios e axiomas de metamatemática autoevidentes da intuição primordial, respectivamente. Cada um desses conjuntos de axiomas ou princípios é aceito sem demonstração. No entanto, cada um permanece aberto à contestação, e então à dúvida. Subsequentemente, cada uma das escolas emprega a lógica dedutiva para demonstrar a verdade dos teoremas de Matemática a partir de suas bases adotadas. Consequentemente, estas três escolas de pensamento falham em estabelecer a certeza absoluta de verdade matemática. (Ernest, 1991, p. 13)³

Ernest (2004), ao investigar atitudes e crenças de professores sobre a Matemática, revela que as experiências escolares confirmam a imagem absolutista da Matemática e, particularmente nos professores dos anos iniciais, aliadas a essas imagens, na maioria das vezes estão atitudes negativas em relação à Matemática e ao seu ensino.

Quando indagamos às pessoas que passaram pela educação básica se há alguma disciplina que consideram certa, exata, não sujeita a questionamentos, muitos respondem rapidamente sem hesitar: a Matemática. Essa visão sobre a Matemática normalmente não conduz as pessoas a uma aproximação. Ao cometerem o primeiro erro, muitos já desistem e se declaram incapazes de aprender conceitos matemáticos. A prática do ensino dessa disciplina também não tem conseguido

---

2. Para Ferreira (2010, p. 8), o Teorema da Incompletude de Gödel refere-se à questão de estabelecer a verdade em sistemas axiomáticos totalmente formalizados da análise. Gödel encontrou paradoxos e apercebeu-se de que a noção de verdade em teoria dos números não pode ser definida em teoria, por conseguinte, que o seu plano para demonstrar a consistência relativa da análise não funciona.
3. Tradução livre da autora.

convencer essas pessoas a insistirem no acesso ao conhecimento matemático. A abordagem superficial e mecânica de conteúdos também contribui para dificultar o processo de aprendizagem. Mesmo com as pesquisas em Educação Matemática nos últimos anos, voltadas para a superação desses procedimentos, essas dificuldades de ensino e de aprendizagem da Matemática ainda persistem.

Não há dúvida sobre o alto grau de abstração que o conhecimento matemático atingiu nos últimos tempos, mas isso não justifica, por si só, os problemas com a aprendizagem matemática. Se recorrermos à história da Matemática, perceberemos que as diferentes teorias elaboradas através do tempo têm suas raízes nas práticas sociais, o que significa que a Matemática possui abstração, mas possui origem no mundo da experiência.

Ernest (2004) considera que a tese do construtivismo social seria mais adequada para a compreensão da natureza do conhecimento matemático. O construtivismo social vê a Matemática como construção social, como um produto cultural, e, portanto, falível como qualquer outro ramo do conhecimento, e propõe uma nova filosofia da Matemática denominada construtivismo social.

O construtivismo social é uma elaboração e síntese de visões preexistentes sobre o conhecimento matemático, principalmente a partir do convencionalismo e do quase empirismo. O convencionalismo preocupa-se com a linguagem humana e com as regras que procuram estabelecer e justificar as verdades do conhecimento matemático. Do quase empirismo, interessa a epistemologia falibilista que defende que os conceitos matemáticos se desenvolvem e sofrem modificações. O autor descreve as principais características do construtivismo social:

- trata-se de uma filosofia descritiva e não prescritiva;
- considera como base do conhecimento matemático o conhecimento linguístico, destacando a linguagem como construção social;
- valoriza os processos interpessoais, pois estes auxiliam na transformação de um conhecimento matemático subjetivo do indivíduo em conhecimento matemático objetivo.

CAPÍTULO 6 Sobre a natureza do conhecimento matemático

Para Ernest (2004), o pensamento matemático de um indivíduo é um pensamento subjetivo, na medida em que, ao aprender, vai recriando, reconstruindo suas representações sobre os objetos matemáticos. Quando o indivíduo torna público o seu pensamento sobre determinado conceito matemático, esse pensamento é sujeito ao escrutínio de outros indivíduos, que utilizam critérios da linguagem para as críticas. A partir daí, os indivíduos podem adicionar, reestruturar ou reproduzir o conhecimento inicial.

> A visão construtivista social é que o conhecimento objetivo de Matemática é social, e não está contido em textos ou em outros materiais gravados, nem em algum reino ideal. O conhecimento objetivo de Matemática reside nas regras, convenções compartilhadas (e consequentemente, suas instituições sociais). Então, o conhecimento objetivo de Matemática é continuamente recriado e renovado pelo crescimento do conhecimento subjetivo de Matemática, nas mentes dos incontáveis indivíduos. Isso fornece o substrato que apoia o conhecimento objetivo, e é através das representações subjetivas que as regras e convenções sociais da linguagem e interação humana são sustentadas. (Ernest, 1991, p. 82)[4]

Consideramos importante essa visão, na medida em que implicitamente temos uma ideia da possibilidade de mudança, de construção e de reconstrução do conhecimento matemático na mente dos indivíduos. Se os matemáticos, e em especial os professores de Matemática tiverem essa compreensão, pode ser que consigam demonstrar aos aprendizes de Matemática que não precisam se colocar numa posição inferior a esse conhecimento, como se ele fosse "sagrado" ou inalcançável.

Para Stemhagen (2006), faz-se necessário mudar a forma de pensar o conhecimento matemático. Lembra o autor que, historicamente, a Matemática tem sido considerada um domínio de certezas e entende que tanto o absolutismo como o construtivismo falham como filosofias da Matemática.

---

4. Tradução livre da autora.

> O absolutismo sugere uma compreensão de Matemática que captura uma estabilidade única, mas que não reconhece suas dimensões humanas. Inversamente, o construtivismo tende a encorajar compreensão de matemática que caracteriza envolvimento humano, mas, ao fazer isso, parece perder a habilidade em explicar a estabilidade e universalidade notáveis do conhecimento matemático. (Stemhagem, 2006, p. 4)[5]

Stemhagem (2006) desenvolveu uma filosofia de Educação Matemática no contexto da Educação Matemática contemporânea. Trata-se de uma abordagem funcional da natureza da Matemática. Sobre as filosofias absolutistas, o autor entende que os alunos não se consideram capazes de produzir conhecimento matemático, apenas receber, pois são persuadidos de que a origem desse conhecimento está fora deles, nas mãos de autoridades legítimas. Quanto aos construtivistas, dão poder aos alunos e valorizam seus métodos, mas costumam ser desencorajados a desenvolver formas de compreensão de como a Matemática pode ajudá-los fora da aula de Matemática. A filosofia evolucionária de Stemhagem considera o aluno como agente no processo de apreensão dos conceitos matemáticos.

Restivo (1994) afirma que, quando se fala da natureza do conhecimento matemático, os matemáticos e filósofos da Matemática têm solicitado jurisdição exclusiva e, mesmo quando a filosofia e a lógica tratam dessas questões, frequentemente utilizam a linguagem matemática. Entretanto, esse autor destaca a conversa social sobre Matemática, dentro de uma perspectiva sociológica, que tem sido desenvolvida dentro e fora da comunidade matemática. Para ele, há um imperativo sociológico em vários campos que tem mudado a forma de ver nossas vidas, o conhecimento e, portanto, também o conhecimento matemático. Toda conversa é social, a pessoa é uma estrutura social, o intelecto é uma estrutura social e o pensamento individual só pode ser compreendido e explicado quando relacionado às condições sociais das quais ele depende. Nesse contexto, a Matemática é entendida como um mundo social que vai além das formas, dos símbolos, da

---

5. Tradução livre da autora.

CAPÍTULO 6 Sobre a natureza do conhecimento matemático

imaginação, da intuição e dos raciocínios. Envolve uma rede de seres humanos que se comunicam, que enfrentam conflitos, desenvolvem cooperação, domínio, subordinação. Ocorre que, quando os matemáticos trabalham com altos níveis de abstração, esquecem sua história como criadores no mundo social e material e a história daqueles ancestrais que trabalharam com pedras, cordas, extensões de terra, barris de vinho, por exemplo.

> Conhecimento matemático não é simplesmente uma "parada de variações sintáticas", um conjunto de "transformações estruturais" ou "concatenações de forma pura". Quanto mais nós imergimos etnograficamente nos mundos matemáticos, mais somos impregnados pela universalidade do imperativo sociológico. Formas matemáticas ou objetos cada vez mais tendem a ser vistos como sensibilidades, formações coletivas e visões de mundo. As bases da Matemática não estão localizadas nas bases da lógica ou em sistemas de axiomas, mas na vida social. Formas matemáticas ou objetos envolvem mundos matemáticos. Eles contêm a história social de sua construção. Eles são produzidos nos e pelos mundos matemáticos. (Restivo, 1994, p. 211)[6]

Consideramos que essas visões são mais adequadas para aproximar as pessoas do conhecimento matemático porque rompem com as visões impregnadas principalmente das influências formalistas e logicistas. Se considerarmos os matemáticos das universidades que formam professores de Matemática e concebem os objetos matemáticos como independentes dos seres humanos, existentes num mundo ideal, tal situação tem implicações para aqueles que vão ser professores na educação básica. Assim, consideramos importante que os matemáticos tenham uma visão mais ampla da natureza do conhecimento matemático.

Hersh (1994) coloca que não é fácil responder à questão sobre a natureza do conhecimento matemático porque durante muito tempo a filosofia ocidental concebia apenas dois tipos de coisas no mundo: físicas ou mentais. "Tudo que não é físico é mental e tudo o que não é mental é físico". Para esse autor, essa distinção não dá conta da na-

---

6. Tradução livre da autora.

tureza dos objetos matemáticos. É preciso considerar que tais objetos possuem aspectos mentais e físicos, mas são entidades sociais, na medida em que são produtos culturais, têm origem na autocriação da raça humana, respondem às pressões da sociedade. O autor lembra que o cálculo de Newton foi construído com base na teoria gravitacional, que compreendia o movimento dos planetas e das estrelas, e tudo isso era importante porque a Inglaterra era uma nação marítima e as habilidades de navegação tinham valor comercial.

Outro aspecto que justifica o uso do termo "entidade social" está relacionado com a necessidade de compartilhar as informações. São comuns as inúmeras cartas entre os físicos e matemáticos para trocar informações sobre o que estavam pesquisando, teorizando.

Entendemos que todas as discussões relativas à natureza do conhecimento matemático possibilitam uma visão mais ampla em relação à Matemática e destacamos o que consideramos importante para este trabalho:

- a Matemática entendida como construção humana, social, sujeita a revisões e erros é fundamental para viabilizar o acesso ao conhecimento matemático;
- o fato de a linguagem matemática se apoiar em sistemas lógicos formais não reduz a Matemática à lógica;
- o trabalho com abstrações faz parte do trabalho com a Matemática, entretanto, é preciso considerar também as relações sociais nas quais a Matemática está inserida;
- a compreensão da natureza do conhecimento matemático é um fator importante para que os diferentes atores sociais se posicionem de maneira crítica em relação à aprendizagem dos conceitos matemáticos.

Em nossa compreensão, esses princípios, se fizerem parte do processo de reflexão dos futuros professores de Matemática, sejam eles especialistas ou polivalentes (no caso dos anos iniciais), não apenas aproximariam esses indivíduos do conhecimento matemático como também minimizariam as visões distorcidas em relação a esse conhecimento.

CAPÍTULO 7
Sobre situações e contextos

José Joelson Pimentel de Almeida
Prof. Dr. da Universidade Estadual da Paraíba (UEPB)

A pesquisa aqui apresentada foi desenvolvida em uma escola com a intenção de desenvolver uma descrição e análise das atividades ali realizadas ao longo de um ano letivo, na tentativa de compreender como se dão as práticas envolvendo os professores no que tange à sua formação contínua, com o uso de Tecnologias de Comunicação e Informação. Assim, pode-se afirmar que a escola foi o contexto da pesquisa (pois esta pesquisa está ali contextualizada), que foi desenvolvida permeando algumas situações que naquele lugar tiveram acontecimento.

No intento de descrição das atividades e das condições sob as quais foram desenvolvidas, serão antes explicitados significados dos termos "situação" e "contexto" com o apoio de autores como Lacasa, Centeno, Gattegno, Brousseau, Chevallard e Gómez-Chacón, sendo que estes últimos discutem tais conceitos do ponto de vista da Educação Matemática. Depois, faremos uma descrição de alguns contextos para que sejam compreendidas as situações de formação de professores neles realizadas.

Sobre o termo situação, Centeno (1988) diz que muito se tem falado sobre "situações pedagógicas", "situações matemáticas", "situações de aprendizagem", "situações de criatividade" etc., mas que esses termos podem ser interpretados de formas as mais diversas. O mesmo pode ser falado sobre o termo contexto, principalmente porque hoje seu uso é muito frequente e seu significado nem sempre fica claro, conforme assinalado por Lacasa (1994).

Situações

Segundo Centeno (1988), para Gattegno uma *situação pedagógica* é toda aquela que coloca o aluno diante de objetos que o levem a aprender por si mesmo. Desta maneira, uma *situação matemática* é uma situação pedagógica que envolve um conteúdo matemático que leva o aluno a estabelecer relações entre os objetos envolvidos. Na busca por um compêndio do termo, Pérez faz uma leitura do que diz outro autor, Papy, para quem uma *boa situação pedagógica* deve ser capaz de:

- motivar e estimular a atividade dos alunos, levando-os ao prazer de buscar, de investigar, de trabalhar e de descobrir juntos;
- provocar atividades diversificadas, daquelas das quais sempre brotam novas interrogações que desembocam em outra atividade que, prolongada além da aula, conduzirá a novas aprendizagens;
- ser realizada em grupo e fazer intervir os distintos fatores do trabalho em grupo;
- estimular a criatividade de cada um dos membros do grupo;
- mobilizar os distintos canais sensoriais e os distintos tipos de atividades verbais e não verbais;
- delinear numerosas interrogações em distintos níveis de complexidade;
- possibilitar distintos tipos de raciocínio, fazendo intervir desde a intuição criativa até a dedução. (Pérez, 1988, p. 114-115)

Na continuação, Centeno apresenta a teoria das situações didáticas de Brousseau, a qual será exposta a seguir, pela leitura dele próprio.

Fazendo uma construção no sentido de dar significados à contribuição da Didática aos que ensinam Matemática, Brousseau (1996b) diz que cada conhecimento ou cada saber pode ser determinado por uma situação, sendo esta determinada por um conjunto de relações ligadas a um agente ou a vários, em que o conhecimento é necessário para a sua realização ou para sua manutenção. Ele exemplifica dizendo que essas relações podem ser um jogo em que o conhecimento em questão deve ser colocado em funcionamento para que o jogador crie estratégias para vencê-lo.

Uma consequência fundamental desta concepção é que "...a diferentes situações correspondem diferentes conhecimentos. Consequentemente, o saber nunca é exatamente o mesmo para seus criadores, para seus usuários, para os alunos etc., ele muda" (Brousseau, 1996a, p. 26). Logo, podem-se já conceber as situações de formação de professores como distintas em seu alcance quando distintas em sua composição, em seu tempo e no espaço em que são delimitadas.

Brousseau (1996b), pensando nas formas de elaboração e de apresentação do saber, diferencia as situações escolares em didáticas e adidáticas. Ele diz que um aluno somente terá consciência de que realmente adquiriu um novo conhecimento quando for capaz de aplicá-lo fora do contexto de ensino e na ausência de qualquer intencionalidade pedagógica. Eis aí o que ele chama de situação adidática.[1] Assim, "cada conhecimento pode caracterizar-se por uma (ou várias) situação adidática, que preserva o seu sentido, e a que chamaremos *situação fundamental*".

Dessa maneira, ao professor cabe ir apresentando situações adidáticas mais próximas daquelas que são familiares aos alunos e, nesse processo de intensificação e de crescimento dos conhecimentos deles, estará aproximando-se de um estágio em que as situações apresentadas carecerão cada vez menos dessa contextualização. Nesse estágio, o professor pode se valer cada vez mais de *situações didáticas*.

---

1. Em suas notas, ao final do texto, Brousseau assinala que a situação é adidática "no sentido em que desaparece a intenção de ensinar (mas ela continua a ser específica do saber). Uma situação pedagógica não específica de um saber não será chamada adidática, mas simplesmente *não didática*" (p. 112). (O grifo é nosso.)

> O aluno não distingue imediatamente, na situação em que vive, aquilo que é essencialmente adidático e aquilo que é de origem didática. A situação adidática final de referência, aquela que caracteriza o saber, pode ser estudada de forma teórica mas, na situação didática, constitui, tanto para o professor como para o aluno, uma espécie ideal para a qual eles devem convergir: o professor deve ajudar incessantemente o aluno a despojar a situação de todos os seus artifícios didáticos, sempre que isso é possível, para ficar com o conhecimento pessoal e objetivo. (Brousseau, 1996a, p. 50)

Uma situação didática possui múltiplas relações pedagógicas entre três elementos (professor, aluno e saber), cabendo ao primeiro destes a elaboração de atividades com a finalidade de levar o aluno à aprendizagem de um conteúdo específico, que é o saber (Pais, 2002). Uma situação que ocorra sem a presença de algum desses componentes pode ser caracterizada como *situação de estudo,* quando envolve somente os alunos e o saber, ou apenas uma *reunião entre professores e alunos,* quando sem a valorização do conhecimento (Ibid.).

Compreendendo o que diz Brousseau, Pais acrescenta que:

> Esses três elementos [o professor, os alunos e o saber] não são suficientes para abarcar toda a complexidade do fenômeno cognitivo, daí a vinculação que fazemos entre tais situações e outros elementos do sistema didático: objetivos, métodos, posições teóricas, recursos didáticos, entre outros. (Pais, 2002, p. 66)

Chevallard (1996) apresenta como condição para a existência de um *sistema didático* pelo menos três "termos", quais sejam, o professor, o aluno e um ou vários investimentos didáticos. Isso em pouco difere dos elementos referidos no caso da situação didática, uma vez que o "investimento didático" tem estreita relação com o saber. Mas Chevallard verifica que são necessárias ainda algumas condições para que um sistema didático tenha a sua sobrevivência, a sua continuação, o seu *funcionamento* garantido:

- A existência de um sistema didático sempre está de alguma maneira relacionada à de outros tipos de sistemas didáticos; *ele não existe sozinho*:

CAPÍTULO 7 Sobre situações e contextos

Por exemplo, no que diz respeito à escola primária, o mesmo aluno e o mesmo saber [estarão reunidos] à volta de outros "professores": a criança e a sua mãe, ou o seu pai etc.; e, sobretudo, a criança *consigo própria* – caso dos sistemas *autodidáticos*, em que a mesma pessoa ocupa as posições de professor e de aluno, e que, até agora, a investigação em didática negligenciou bastante, para investir a sua energia no estudo dos sistemas didáticos escolares pertencentes ao sistema oficial de ensino. (Chevallard, 1996, p. 135)

- Outra condição necessária para que um sistema didático funcione é a existência de um *contrato didático*. Esse contrato deve ter um ponto de partida conhecido e assegurado.

Para que um SD [sistema didático] funcione, é necessário que, em cada instante – relativamente ao tempo próprio do SD como instituição –, exista um conjunto de objetos institucionais que, para os sujeitos do SD, *sejam naturais*. (...) Por outras palavras, é minimamente necessário *que exista um meio*. (Chevallard, 1996, p. 135)

- Uma terceira condição é que "nenhum sistema didático pode viver *in vacuo*, num vazio institucional. *Podemos encontrar, por trás de qualquer sistema didático, outro sistema,* que aparece, em geral, como uma de suas possibilidades" (p. 137), ao que o autor chama de *sistema de ensino*.

Finalmente, Chevallard faz uma crítica à teoria das situações didáticas de Brousseau, dizendo que esta se refere apenas ao aspecto do "*funcionamento* da máquina, deixando um pouco de lado o estudo das *condições de possibilidade* desse funcionamento" (p. 144).

Na tentativa de suprir isto, Chevallard propõe uma *teoria das situações institucionais*:

Dada uma instituição I, como assinalar, descrever, caracterizar uma dada situação institucional, isto é, um certo estado I? O paradigma de resposta que a análise sistemática fornece conduz a procurar descrever um estado através de um conjunto de variáveis institucionais (de variáveis didáticas, quando se trata de um sistema didático). A partir daí, podemos imaginar a possibilidade de elaborar, ou pelo menos de esboçar, uma teoria das situações institucionais relativa ao tipo de instituições que I releva. (Chevallard, 1996, p. 142-143)

Essa teoria das situações institucionais, de Chevallard, é mais vasta e, de certo modo, complementar à teoria das situações didáticas de Brousseau.

Destarte, passa-se agora a se pensar o que poderia ser caracterizado como situações institucionais (o que inclui situações didáticas ou adidáticas) de formação contínua de professores numa instituição com base nessa conclusão de Chevallard.

Uma dada situação envolve certamente vários elementos, dos quais se podem relacionar: os professores (em relação, uns com os outros), outros participantes desses momentos de formação (coordenadores pedagógicos, por exemplo), o saber (que pode ser algo intrinsecamente relacionado à prática imediata ou uma busca pela práxis[2] e seus elementos teóricos), uma relação com os outros sistemas didáticos em voga na instituição, o meio que possibilite o funcionamento desse sistema (o contrato didático) e o sistema de ensino. Tal situação, no âmbito dessa pesquisa, tem como instituição a escola onde os dados foram coletados e os elementos constituintes de cada situação serão apresentados oportunamente e com detalhes neste capítulo.

Contextos

O que é um contexto? Eis aqui uma questão primordial que se pretende esclarecer, pois é muito comum, principalmente no meio escolar, desde a escola básica à academia, dizer-se que o ensino há de

---

2. Ghedin (2003) escreve em seu *Vocabulário* que *práxis* é a "relação dialética entre o homem e a natureza pela qual o homem, ao transformar a natureza pelo trabalho, transforma-se a si mesmo (Marx)" (p. 393). Transladando para a Educação, pode-se falar numa práxis docente como uma relação dialética entre o professor e a atividade docente pela qual o professor, ao transformar a sua prática pelas atividades que lhe são concernentes, transforma-se a si mesmo.

CAPÍTULO 7   Sobre situações e contextos

ser contextualizado, que a aprendizagem se dá quando o professor se baseia no contexto do aluno etc. Como esta pesquisa tem como cerne uma discussão em um lugar próprio da formação contínua do professor – o que de antemão será tomado como um contexto –, mas também em momentos e em compartimentos diversos presentes nesse local (logo, em contextos dele), ficaria muito confuso caso não situássemos o significado desse termo. Assim, segue a construção do termo, atribuindo-lhe convenientemente seus significados.

A primeira pergunta a ser feita nessa direção seria em relação às suas dimensões. Uma das acepções de contexto é "inter-relação de circunstâncias que acompanham um fato ou uma situação".[3] Compreendendo isso, não se pode limitar o termo a apenas o ambiente em que ocorre o estudo, ou seja, ao ambiente que é parte do seu significado. Assim, seria um equívoco limitar o significado ao lugar ou ambiente físico em que se observa um fenômeno.

"Em Linguística, o contexto é constituído pelas partes de uma elocução que circundam uma unidade e que podem afetar tanto seu significado como sua contribuição gramatical [...]" (Simon, 1997, p. 75). Ora, se é a linguagem que permite ao homem cravar um procedimento por meio de uma representação, ou seja, ela possibilita a consecução e o aprimoramento, além da repetição, do procedimento pela palavra – o que diferencia o homem dos outros animais (Aranha, 1996) –, então é também a linguagem que pode apontar quais são as unidades contextuais das ações humanas no estudo ou na observação de um fenômeno. E aqui cabe bem uma analogia com esse significado, o que leva a algo mais amplo que ambiente físico ou mesmo que o aspecto temporal, dado pelas partes e pelas relações que podem se estabelecer, ao mesmo tempo transformando e sendo transformado.

Dada uma situação de exploração de problemas, por exemplo, o contexto será determinado pelos conflitos cognitivos e enfrentamento de crenças e saberes, de caráter individual; pelo relacionamento de todas essas idiossincrasias com os demais partícipes da situação; pelas

---

3. Houaiss (2009).

relações individuais e do grupo com o objeto da discussão, ou seja, com os demais componentes da situação institucional (nos significados tratados para este conceito na seção anterior). Desse modo, pode-se conceber um contexto como uma relação entre sujeitos (logo, tem aspectos individuais e coletivos) em uma situação institucional, num dado espaço físico em um certo momento.

Nas aulas de Matemática costuma-se reduzir o significado de contexto a um fundo matemático para a proposição de um problema. Por exemplo, diz-se que o ensino de trigonometria está contextualizado se se inicia o seu estudo propondo-se o cálculo da altura de um edifício conhecendo a sua sombra e o ângulo sob o qual um sujeito o observa. De acordo com o que aqui se elabora, falar do cálculo da altura de um prédio ("distâncias inacessíveis") é apenas parte do contexto e da situação, pois estes envolvem muito mais, inclusive fatores determinados pelo andamento das discussões nas aulas que antecederam aquela de trigonometria. O contexto e a situação envolvem também o momento em que os alunos estão vivendo; o material que está sendo utilizado e a forma como a atividade está sendo conduzida ou orientada; as referências que o professor traz de outras áreas do conhecimento; as relações com os conhecimentos prévios dos alunos; o vocabulário que professores e alunos utilizam; o modo como os alunos estão dispostos em sala de aula; se estão ou não numa sala de aula convencional ou no campo procurando determinar uma "distância inacessível" diretamente pela sua observação; se o professor propõe o problema esperando uma solução única ou que os alunos façam estimativas e aproximações; a época em que isto está sendo feito e o que ocorre além da sala de aula. Ou seja, o contexto é determinado por muito além da consignação enunciada pelo professor.

Neste exemplo, temos:

- A situação envolve o professor, os alunos e o conteúdo a ser estudado (relações trigonométricas no triângulo retângulo), assim como as maneiras como as relações estão sendo estabelecidas entre os sujeitos e o saber.

- O contexto: determinado pela situação didática (ou pelas situações adidáticas provocadas pelo professor, levando os alunos à aproximação do saber a ser estudado), o que envolve as variáveis citadas de dimensões sociais (individuais – afetivas e cognitivas – e coletivas), físicas (em que lugar e em que condições) e temporais (em que momento da vida daquelas pessoas, daquela comunidade, daquele país).

Então, o que seria um contexto de formação contínua do professor na escola?

A escola é também um contexto, determinado por sua localização, seu tempo, suas finalidades, seus atores (internos: professores, gestores, demais funcionários, alunos; externos: supervisão escolar, Secretaria de Educação, Ministério da Educação, comunidade atendida), seu projeto político-pedagógico, o entorno escolar, o momento que todos esses envolvidos estão vivendo e pelas situações institucionais em funcionamento.

Se a escola é um contexto, então ela encerra vários contextos? Sim, a escola é um contexto determinado por vários contextos, influenciando e sendo influenciada por eles. Assim, os seus alunos têm oportunidades de aprendizagem tão mais ricas quanto maior for a variedade de contextos que a escola lhes apresentar e mais favorecidas se estiverem conforme as experiências cotidianas desses estudantes (Gómez-Chacón, 1998).

Para analisar situações educativas consideradas como entornos interativos, contextos sociais, nos quais têm lugar o ensino e a aprendizagem, Lacasa (1994) propõe algumas questões como objetos de reflexão, entre as quais a primeira é: o que podemos entender por contexto e em que sentido a escola é um contexto?

Para Lacasa, um contexto pressupõe uma certa relação entre os objetos e o seu entorno.[4] Faz-se necessário, então, precisar qual é a

---

4. Entorno. *s.m.* 1. o que rodeia; vizinhança, ambiente 2. território adjacente a uma população, a um determinado núcleo; circunvizinhança, arredor, cercania 3. população contígua, vizinha (...). (Houaiss, 2009)

natureza dessa relação. Logo, há que se estabelecer uma perspectiva teórica para a apropriação do significado do termo, donde a autora, após um estudo sob análise da Psicologia, compreende contexto como sendo algo além do entorno físico, em que os alunos (e os demais envolvidos no dia a dia escolar) são mais que espectadores; está ligado às relações sociais estabelecidas, o que obriga todos a uma revisão de suas propostas tanto teóricas quanto metodológicas.

A partir da compreensão de contexto como envolvendo componentes de caráter social, Lacasa relaciona cinco características que configuram a escola como um contexto:

1. *A escola é um contexto construído pelas pessoas*, em que o essencial são os atores e as suas metas.
2. *A escola é um contexto essencialmente social*, tendo grande importância os aspectos pessoais das relações que nela se estabelecem. Nesse sentido, uma escola certamente não seria a mesma se possuísse, por exemplo, um corpo gestor diferente.
3. *A escola, como contexto, inclui lembranças*,[5] pois está imersa em processos coletivos de memória. Para a autora, não há como entender uma escola sem levar em consideração o conjunto de tradições em que está imersa.
4. *A escola, como contexto, é uma unidade de análise*, carecendo, pois, de ser entendida em sua totalidade, além da compreensão fragmentada de seus contextos ou situações.
5. *Enquanto contexto, a escola precisa ser entendida em relação aos processos de mudanças que nela são produzidos*.

Fazendo uma interpretação desses pontos, podemos dizer que a escola é um contexto de formação contínua de professores porque:

- é constituída pelas pessoas e suas metas – professores, gestores, demais funcionários e alunos, além da comunidade externa. Nesse caso, numa tentativa de descrição etnográfica das

---

5. *Recuerdos*.

CAPÍTULO 7 Sobre situações e contextos

relações aí estabelecidas, há que fazer um retrato das pessoas e suas relações, umas com as outras, com os objetos em análise e com a escola, além de seu entorno. Isso está também na análise do segundo item da proposta, quando diz que a escola é um contexto essencialmente social. De fato, se fossem trocados os coordenadores da escola (ou quaisquer outros profissionais), o seu cotidiano e as relações ali estabelecidas certamente seriam alterados;

- quando um professor inicia o exercício docente numa escola (quando começa o seu trabalho em uma escola que lhe é nova), precisa se adequar à cultura ali estabelecida, mas fazendo suas contribuições, buscando suas conquistas. Na tentativa de conquistar seu espaço (político, de ação), às vezes cede, noutras alarga possibilidades. Isso é um dos indicadores de que, de fato, cada escola se constitui mesmo em uma unidade de análise, pois um mesmo professor pode ter diferentes conquistas em diferentes escolas, o que vai perfazendo o seu desenvolvimento profissional;
- há que notar, no processo evolutivo das práticas cotidianas da escola, um contexto de produção de mudanças, um entrelaçamento de ideias e práticas no qual essas mudanças são também determinantes do contexto.

Assim, não há como deixar de considerar a escola como um contexto, mas formado por contextos diversos. Além do delineamento dos contextos da escola em pesquisa, pretende-se verificar quais são aqueles que a escola possui no que se refere à formação contínua dos professores, principalmente nas situações que envolvem o uso de Tecnologias de Comunicação e Informação.

Alguns contextos da pesquisa

Formulando um caminho para firmar o significado de contexto, Lacasa (1994) supõe três situações escolares que envolvem crianças:

Primeira: Todas as crianças da escola têm uma meta em comum.
Segunda: Todas as crianças de uma classe, dispostas em círculo, debatem e propõem metas comuns.
Terceira: As crianças trabalham juntas, em pequenos grupos, com uma meta comum proposta por elas mesmas ou pelo professor.

Segundo o exposto, essas situações são partes constitutivas de contextos distintos. Para analisá-los, a autora ressalta os seguintes aspectos:

1. Existem diferentes níveis a partir dos quais podem ser analisadas as relações sociais que os membros de um grupo mantêm em um contexto escolar. O modo como essas relações se organizam e os seus efeitos nos processos de ensino e aprendizagem podem ser considerados específicos para cada nível.
2. O critério que permite diferenciar os níveis se relaciona em princípio com o tipo de relações sociais que os membros do grupo mantêm, assim como o entorno em que se mantêm. Devem-se considerar:
   - o número de envolvidos;
   - o papel de cada um;
   - o entorno.
3. As relações sociais dependem, em última análise, das metas específicas que esses grupos como tais se propõem.

Lendo isso na perspectiva do papel do professor e do seu cotidiano na escola, podem-se discriminar várias situações que determinam contextos de formação do professor, tais como reuniões pedagógicas, reunião de pais e mestres, reuniões de colegiados, horas de trabalho individual, reuniões coletivas no Laboratório de Informática Educativa, encontros na sala dos professores etc.

Analogamente às três situações expostas anteriormente por Lacasa, aqui podem-se supor algumas situações que envolvem professores:

Primeira: Todas os professores da escola têm uma meta em comum.
Segunda: Todas os professores de um mesmo período de trabalho (ou de uma mesma disciplina ou de uma mesma turma de alunos) debatem e propõem metas comuns.
Terceira: Os professores trabalham juntos, em pequenos grupos, com uma meta comum proposta por eles mesmos ou pelo coordenador pedagógico ou pela direção da escola.

Essas três formas de pensar o cotidiano da escola, que são apenas exemplos, pois poderia pensar-se em diversas outras, ocorrem e cada uma delas determina um contexto diferente porque são diferentes suas situações institucionais ou didáticas!

CAPÍTULO 8
Sobre interações nas aulas de Matemática

Sueli Fanizzi
Profª da Universidade de Mogi das Cruzes (UMC)

Neste capítulo procura-se evidenciar e discutir diferentes maneiras de compreender o que é linguagem matemática, considerando os estudos de alguns pesquisadores em Educação Matemática e suas manifestações e usos na escola. Que aspectos da linguagem matemática devem ser considerados no ensino dessa área? Como a linguagem matemática é apropriada pelo aluno no contexto escolar? Qual o papel da língua materna na aprendizagem dos conceitos matemáticos? Além dessas reflexões, abordam-se também os aspectos que compõem os momentos de interação das aulas de Matemática nos quais emergem não somente os conhecimentos matemáticos propriamente ditos, como também conteúdos de natureza emocional, social e cultural, que interferem, de maneira relevante, na aprendizagem da Matemática, constituindo-se em conteúdos que precisam ser captados e geridos na sala de aula pelo professor, também e em especial o que ensina Matemática, de modo que promova uma aprendizagem significativa em seus alunos.

Para iniciar uma reflexão sobre linguagem matemática, é importante discutir e diferenciar três maneiras de nos referirmos ao conhecimento matemático: a Matemática formal, a Matemática da vida cotidiana e a Matemática escolar.

Inicialmente, é importante lembrar que o conhecimento matemático vem sendo construído, ao longo da história, por dois tipos de motivação: as necessidades humanas, resultantes das relações entre o ser humano e seu meio natural e social, e as motivações internas, geradas pelo próprio conhecimento matemático, que levam o ser humano à reflexão e à sistematização das ideias matemáticas por meio da utilização de uma linguagem que lhe é própria. É necessário que a Matemática que se ensina e se aprende na escola seja considerada nessa dupla perspectiva, uma vez que o interesse do aluno pelo conhecimento matemático e a sua consequente utilização podem ser despertados tanto em uma situação de compra e venda, em que seja fundamental conferir o troco, quanto em uma atividade cuja pergunta ou proposição se reporte a situações genuinamente matemáticas.[1]

Para Bishop (1999), a influência cultural na construção do conhecimento matemático também ocorre nas atividades matemáticas das comunidades científicas, definidas por ele como produções culturais. Segundo o autor, a dimensão cultural atravessa qualquer tipo de motivação para o desenvolvimento das ideias matemáticas.

> [...] as atividades de contar, localizar, medir, desenhar, julgar e explicar têm desempenhado um papel decisivo, em separado e em interação, no desenvolvimento das complexas simbolizações e conceitualizações matemáticas que compõem a disciplina internacionalizada que conhecemos hoje. No entanto, esta tecnologia simbólica no concreto é o resultado de um conjunto determinado de interações culturais e de desenvolvimentos societais.[2] Outras culturas têm gerado, e estou seguro de que continuarão gerando, outras tecnologias simbólicas: isto nos permite compreender a existência de outras matemáticas. (Bishop, 1999, p. 111)[3]

Ao tratarmos da construção do conhecimento matemático, apresentamos a seguinte questão: qual a linguagem empregada nessa construção, considerando os contextos científico, cotidiano e escolar?

---

1. "Por que 1/10 é igual a 0,1?" ou "Por que $x^2/2$ não é igual a x?"
2. Bishop utiliza o termo *societal* para se referir a aspectos sociais de determinados grupos, o que é distinto do termo *social*, que diz respeito à sociedade em um sentido amplo.
3. Tradução livre da autora.

CAPÍTULO 8 Sobre interações nas aulas de Matemática

Há autores que classificam a linguagem matemática como uma linguagem de segunda ordem, uma vez que não emprega os signos linguísticos do processo comunicativo humano.

> Os processos comunicativos humanos se realizam basicamente através de uma linguagem. A linguagem emprega signos linguísticos em primeiro nível e substitutos de signos linguísticos em segundo nível, que são novos tipos de signos que podem se constituir em uma linguagem de segunda ordem, e assim sucessivamente. Admitiremos que a Linguagem Matemática seja uma dessas linguagens de segunda ordem que segue fazendo em grande parte uso dos signos primários da Linguagem, ainda que disponha de um conjunto crescente de signos específicos da Matemática à medida que cresce a cultura nesta área. (Lerma, 1990, p. 179)[4]

Para Pimm (1990), "a Matemática não é uma linguagem natural, no sentido em que são o inglês e o japonês. Tampouco é um dialeto do inglês (nem de nenhum outro idioma)" (p. 288).[5] E, referindo-se especificamente à Matemática escolar, Pimm a considera um subproduto da linguagem materna, uma vez que o aluno utiliza a língua materna e os meios metafóricos para se apropriar das ideias matemáticas.

Nesher (2000) aponta as diferenças entre linguagem natural e linguagem matemática, afirmando que há pensamentos especiais que só podem ser expressos por meio da linguagem matemática. A linguagem natural, normalmente, trata do mundo que nos rodeia; no entanto, a matemática expressa pensamentos especiais e denota objetos e relações que, normalmente, ainda que não sempre, podem aplicar-se ao nosso mundo (p. 110).[6]

Dessa forma, ao tratarmos da linguagem matemática, podemos nos referir a uma linguagem que, de acordo com seu contexto de uso, seja na aquisição do conhecimento científico ou nas práticas cotidianas, pode se manifestar simbolicamente ou apoiada na linguagem natural.

---

4. Tradução livre da autora.
5. Idem.
6. Idem.

Considerando essas duas formas de expressão da linguagem matemática, a formal e a cotidiana, não podemos deixar de discutir a valoração social que um tipo de construção do conhecimento recebe mais em relação ao outro.

Para Gómez-Granell (1997, p. 15), de acordo com os princípios racionalistas da filosofia e da ciência moderna, o pensamento abstrato e científico é considerado mais evoluído que o pensamento das práticas cotidianas, classificado como primitivo e irracional. A autora afirma que essa perspectiva parte do pensamento positivista, que defende a ideia de que o conhecimento científico é a única forma de conhecimento verdadeiro.

Apresentando uma crítica ao que considera ser uma visão elitista de definir o raciocínio formal como aquele de maior importância social, a autora afirma que já existem inúmeros trabalhos da área da psicologia científica que provaram a importância do conhecimento cotidiano no desenvolvimento da cognição humana e a mínima relação que há entre ele e as leis da lógica formal. Assim, não se pode afirmar que o pensamento cotidiano e todo o corpo de conhecimentos advindos das práticas cotidianas sejam "irracionais" e tidos como menos evoluídos; apenas correspondem a outro tipo de conhecimento, de natureza prática.

Dessa forma, conhecimento formal e conhecimento cotidiano não são produções hierarquizadas quanto à cognição humana, uma vez que apenas representam tipos de racionalidade diferentes.

Matemática escolar: associação entre linguagem formal e linguagem materna em um espaço de interação

A Matemática da vida cotidiana é resultante da interação social e das vivências culturais, refletindo as afinidades e as divergências ideológicas existentes entre os diferentes grupos da sociedade. Nela há elementos formais, adaptados às situações e às necessidades de cada indivíduo no dia a dia. Por exemplo, as estratégias de efetuar cálculos de um pedreiro que não frequentou os bancos escolares; de uma dona de casa habituada à situação de comparação de preços em um supermercado; e de um economista que dispõe de uma calculadora de última geração em seu escritório, possivelmente, são diferentes. O significado que cada um desses indivíduos atribui à Matemática está relacionado ao uso que fazem dessa linguagem, inserido em um contexto social e em um momento histórico determinado. Nos três casos, o uso da Matemática na resolução de problemas cotidianos prescindiu de um conhecimento mais aprofundado da linguagem matemática formal, exigindo (no máximo!), em certas situações, um conhecimento matemático elementar.

Alguns procedimentos matemáticos podem ser desenvolvidos à margem da instrução formal, em contextos sociais ou experiências culturais, como é o caso do pedreiro já mencionado. No entanto, há conhecimentos que dependem de um ensino escolarizado, mais formalizado. Por exemplo, uma série de símbolos, tais como 200 − 47 = 153, é útil porque sabemos que se contamos 47 quindins em uma caixa que contém 200 doces (quindins e brigadeiros), serão 153 os brigadeiros, não havendo a necessidade de esses últimos serem contados. Se alguém, em vez de subtrair as quantidades para descobrir quantos são os brigadeiros, resolve contá-los, obtendo como resultado 152, lhe diremos rapidamente que houve um erro na contagem, pois sabemos que 200 − 47 não pode resultar em 152.

Na Matemática escolar, segundo Gómez-Granell (1997), há uma composição entre a linguagem formal e a linguagem natural, constituindo, assim, a linguagem matemática escolar. A autora menciona duas dimensões da linguagem matemática escolar – a dimensão sintática e a dimensão semântica – e crê em uma integração dessas duas tendências para a concretização do processo de ensino e aprendizagem da área.

A dimensão sintática do ensino da Matemática privilegia muito mais a manipulação dos símbolos do que o significado destes. Adotar essa tendência como principal referência de uma metodologia docente pode incorrer em momentos de sala de aula como um exemplo citado por Pimm, mencionado a seguir.

A alunos de 12 anos, um professor solicitou a tarefa de criar uma situação que fosse resolvida pela adição 4,6 + 5,3 = 9,9. Uma das respostas a essa tarefa, que evidencia um ensino que prioriza a dimensão sintática do conhecimento matemático, foi a seguinte: "Tony tem quatro porções de pastel mais um sexto de porção. Sua mãe lhe deu mais cinco porções e um terço de porção. Tony comeu nove porções e um nono de porção" (Pimm, 1990, p. 38).[7]

O aluno, além de demonstrar incompreensão dos próprios aspectos sintáticos, não reconhecendo diferenças entre a adição proposta e o seu raciocínio "4 1/6 + 5 1/3 = 9 1/9", elaborou, do ponto de vista semântico, uma situação desprovida de significado contextual ou referencial.

Com alunos dos anos iniciais do Ensino Fundamental, um erro típico, que indica um enfoque predominantemente sintático, consiste em, por exemplo, fazer subtrações sempre subtraindo o número menor do número maior: 83 − 29 = 66.

Para Gómez-Granell (1997), os erros cometidos pelos alunos nas aulas de Matemática são fruto de uma aprendizagem descontextualizada e mecânica, na qual não se faz necessário atribuir significado aos símbolos e às regras.

A tendência que prioriza os aspectos semânticos do ensino da Matemática atribui um papel secundário à linguagem formal, considerando-a apenas uma tradução do conceitual. Acredita-se que, se os alunos compreenderem o significado dos conceitos e procedimentos matemáticos, não apresentarão obstáculos na aprendizagem da linguagem formal. O exemplo citado anteriormente, sobre os quindins e os brigadeiros, ilustra um ensino centrado nos aspectos semânticos, caso o aluno julgasse mais apropriado contar os doces em vez de utilizar a subtração.

Nessa perspectiva, o uso de desenhos entre os alunos das séries iniciais para resolver situações-problema é considerado um antecedente natural da escrita simbólica. Assim como Gómez-Granell, discordamos dessa suposição.

---

7. Tradução livre da autora.

CAPÍTULO 8   Sobre interações nas aulas de Matemática

Para Gómez-Granell (1997), desenhar ou usar letras e símbolos são estratégias igualmente empregadas pelas crianças; o que define a escolha de uma ou outra forma para resolver problemas é a interação da criança com seu meio social e cultural.

Depois da descrição das duas dimensões do conhecimento matemático, a autora propõe associar os aspectos sintáticos e semânticos para promover a aprendizagem da Matemática.

Complementando essa ideia, de acordo com Pimm (1990), a aprendizagem da linguagem matemática formal ocorre com a construção de metáforas. Por meio da língua materna e com a utilização de recursos metafóricos, o aluno constrói significados para as ideias matemáticas, independentemente de seu valor sintático.

O diálogo entre uma menina de sete anos e um adulto, apresentado pelo autor, exemplifica, com clareza, o emprego desses recursos metafóricos.

O adulto mostrou à menina um círculo com várias linhas, umas vermelhas, intersectando o círculo, e outras verdes, que não o intersectavam.

– *O que você pode me dizer sobre as linhas vermelhas?*
– *Bem, estão lutando; estão cortando o círculo.*
– *E as verdes?*
– *Se protegem; sim, vigiam.*

O adulto desenhou, com lápis preto, uma tangente e perguntou à menina de que cor a linha deveria ser pintada.

Pausa.

– *Verde, escapando do vermelho.*

Breve pausa.

– *Ou vermelho, escapando do verde.*

Outra pausa.

– *Aí, é um homem indefeso.* (Pimm, 1990, p. 336 e 337)[8]

---
8. Tradução livre da autora.

Não podemos afirmar que, por meio das ideias de ameaça e ataque, a aluna apresenta uma percepção geométrica sobre o tema em questão? No uso de uma linguagem figurada – materna e não matemática –, houve a interpretação da situação proposta. Não podemos avaliar sua percepção como adequada, embora não tenha utilizado termos próprios da linguagem matemática?

Nos momentos de interação da sala de aula, cabe ao professor compreender o conteúdo matemático das manifestações metafóricas dos alunos, de modo que identifique suas estratégias de raciocínio na resolução de problemas. No exemplo apresentado por Pimm (1990), a possível relação que a aluna tinha com as ideias de ameaça e ataque, vivenciadas por meio de jogos de videogame, experiências pessoais de real convívio com situações de guerra ou de contato permanente com programas televisivos sobre o tema etc., interferiu significativamente na construção de uma linguagem metafórica para a compreensão das ideias matemáticas.

Nas séries iniciais do Ensino Fundamental, o uso de metáforas pelos alunos ocupa um espaço significativo na sala de aula, tendo em vista a não apropriação do sistema complexo de símbolos e regras que compõe a linguagem matemática formal. As metáforas utilizadas pelos alunos para a expressão do conhecimento matemático podem ter um conteúdo predominantemente cultural ou afetivo e são traduzidas nos diálogos com os colegas e com o professor.

Se estabelecêssemos um paralelo entre as ideias de Gómez-Granell (1997), Pimm (1990) e Frant (2007), poderíamos afirmar que as metáforas corresponderiam a uma tentativa da aluna de buscar significado nos aspectos sintáticos da Matemática. O professor que se propusesse a trabalhar de maneira integrada aceitaria as enunciações da aluna como corretas e apontaria, no tempo apropriado, a relação existente entre seu raciocínio metafórico (dimensão semântica) e a linguagem formal (dimensão sintática).

Dessa forma, conclui-se que a linguagem natural desempenha um papel primordial na construção do conhecimento matemático escolar, pois é por meio dela que o aluno tem a possibilidade de desvelar e compreender os conceitos matemáticos.

CAPÍTULO 8   Sobre interações nas aulas de Matemática

Partindo-se do princípio de que fazer uso da língua materna é uma condição da expressão dos conhecimentos matemáticos veiculados no contexto escolar, tornam-se fundamentais a análise dos discursos que se estabelecem em sala de aula e o estudo dos processos de interação das aulas de Matemática.

Nesher (2000), citando um pequeno trecho dos *standards*, elaborados pelo NCTM – *National Council of Teachers of Mathematics* (1991), comenta que nos documentos é mencionada a hipótese de que, "enquanto os estudantes comunicam suas ideias, eles aprendem a clarificar, refinar e consolidar seu pensamento" (p. 119).[9]

A autora, na intenção de clarificar os fatos linguísticos presentes nas aulas de Matemática e identificar os momentos de fala cotidiana e fala formal, sugere uma classificação dos discursos que ocorrem na sala de aula. Nesher (2000) faz uma distinção entre *falar matematicamente* e *falar de Matemática*.

> Ao usar o termo falar matematicamente me refiro a usar livremente ideias matemáticas, como função, igualdade ou proporção, manipulá-las de acordo com a sintaxe da linguagem matemática e ser capaz de aplicá-las em vários contextos. [...] Ao falar de Matemática levamos a cabo outra ação. Usamos a linguagem natural como metalinguagem para expressar todo tipo de pensamento acerca da Matemática. (Nesher, 2000, p. 119-120)[10]

Considerando o processo de ensino e aprendizagem da Matemática nas séries iniciais do Ensino Fundamental, falar de Matemática é o principal meio de o professor compreender como seus alunos pensam. Nos primeiros anos de escolaridade, os alunos se encontram no processo inicial de formação dos aspectos sintáticos da linguagem matemática, e o recurso à língua materna, para a comunicação de ideias matemáticas, está muito presente. Apresentar oralmente o pensamento contribui para a compreensão dos conceitos matemáticos, além de desenvolver a capacidade de argumentação.

---

9. Tradução livre da autora.
10. Idem.

De acordo com Nesher,

> [...] uma parte importante da aprendizagem matemática está relacionada com o desenvolvimento de explicações aceitáveis matematicamente, quer dizer, com a elaboração de argumentos válidos na Matemática. O professorado, como parte de seu papel, poderia ajudar os alunos a aprender o que é um argumento convincente na Matemática e em que se parece ou se distingue de um argumento ético ou artístico. (Nesher, 2000, p. 120-121)[11]

Como nem todas as ideias matemáticas podem ser expressas por meio da linguagem materna, as comunicações e os processos interativos da sala de aula de Matemática, gradativamente, passam a se revestir de aspectos da tendência sintática, isto é, dos signos matemáticos, para expressar as ideias tanto do professor como dos alunos. Por exemplo, para comunicar a expressão "um terço de um número mais sete", que pode ser apresentada oralmente, faz-se necessária a simbologia matemática, de modo que retire a ambiguidade da expressão: $1/3n + 7$ ou $1/3 (n + 7)$.

Dessa forma, para Nesher (2000), "nas conversações das aulas de Matemática, a linguagem natural é um modo de linguagem misto que deixa de ser natural" (p. 121).[12]

Outros autores da área da Educação Matemática abordam o tema *interação na sala de aula*, destacando ora um aspecto, ora outro, de acordo com a direção da pesquisa realizada por cada um deles.

Yackel et al. enfatizam o contexto da resolução de problemas como uma estratégia expressiva para a promoção dos momentos de interação. A proposta, aos alunos, de problemas significativos, ou seja, de situações desafiantes que mobilizem o desejo da resolução, promove-lhes a oportunidade de reflexão, discussão e reorganização das formas de pensar.

> Resolver problemas envolve muitas vezes mais do que realizar as atividades propostas. Pode incluir também o aparecimento de resultados surpreendentes, tais como quando duas estratégias alternativas conduzem ao mesmo resultado, a justificação de um método de solução ou a explicação de como um método aparentemente

---

11. Tradução livre da autora.
12. Idem.

errôneo conduz a uma contradição. Quando o ensino na sala de aula é organizado de forma que as crianças trabalhem cooperativamente nas atividades pedagógicas, situações como essas ocorrem frequentemente. (Yackel et al., 1991, p. 18)

Menezes (1999) também menciona o papel do professor como determinante nas relações interativas da sala de aula, colocando em evidência os efeitos benéficos que uma pergunta adequada, em momento apropriado, pode gerar. Segundo o autor, "a arte de questionar tem sido muito usada nas escolas enquanto um meio a que o professor deve e pode recorrer para aumentar e melhorar a participação dos alunos" (p. 6).

E, citando outros autores, Menezes aponta os efeitos positivos que os questionamentos do professor podem promover:

> Os benefícios do questionamento são apontados por alguns investigadores (Ainley, 1988; Menezes, 1996; Vacc, 1993). Segundo Sadker e Sadker (1982), o questionamento permite ao professor detectar dificuldades de aprendizagem, ter *feedback* sobre aprendizagens anteriores, motivar o aluno e ajudá-lo a pensar. Pereira (1991), baseada num estudo que desenvolveu, assinala outras finalidades das perguntas: centrar a atenção dos alunos em aspectos que o professor considera relevantes, provocar efeitos positivos na participação dos alunos (fazê--los falar); promover no aluno uma atitude intelectual menos passiva (fazê-lo pensar); minimizar os efeitos da indisciplina. (Menezes, 1999, p. 6)

Outro aspecto apontado pelo autor diz respeito à rica e vasta natureza dos processos de interação. Os atos comunicativos, segundo Menezes (1999), devem ser cada vez mais incentivados pelo professor, uma vez que desenvolvem não apenas os conhecimentos matemáticos, como também habilidades e atitudes. E, refletindo um pouco mais sobre a mobilização de atitudes e emoções no processo interativo, Rodrigues, em referência à D'Ambrósio (1997), pontua:

> Podemos, pois, considerar que uma atividade matemática é significativa para um aluno quando este tem a oportunidade de sentir a alegria de ter descoberto algo, de ter investigado algo, quando este tem a oportunidade de fazer Matemática de um modo criativo. (Rodrigues, 2000, p. 10-11)[13]

---

13. Tradução livre da autora.

Dessa forma, nessas situações, as conversações estabelecidas em sala de aula envolvem muito mais do que os conteúdos matemáticos, mobilizando sentimentos e emoções e aspectos de natureza sociocultural dos alunos e do professor.

Carvalho e César (2000), em artigo que apresenta suas reflexões acerca das dinâmicas de interação em díades, ressaltam o conflito sociocognitivo dos momentos de interação que, de certa forma, corresponderia aos aspectos da interação aluno-aluno relacionados à reflexão, discussão e reorganização das formas de pensar, mencionados por Yackel et al. (1991). Para as autoras, a disparidade de opiniões entre alunos em interação pode ocasionar um conflito sociocognitivo que, do ponto de vista da aprendizagem, é salutar. Esse conflito tem duas implicações no raciocínio e no comportamento dos indivíduos envolvidos: uma, de natureza interindividual e, outra, de natureza intraindividual. O desacordo pode ocorrer entre as respostas dos participantes do processo interacional ou quando o indivíduo "é convidado a questionar-se acerca da sua resposta em face de outra resposta possível, encontrada pelo seu parceiro" (Carvalho e César, 2000, p. 86).

O duplo desequilíbrio representa muito mais do que um mero desentendimento entre dois ou mais interlocutores diante de uma atividade escolar. Indica, em primeira instância, que o processo interacional mobiliza a ação mental dos indivíduos, possibilitando-lhes experienciar uma atividade metacognitiva.

Considerando-se os diferentes aspectos até aqui apresentados, podemos afirmar, em síntese, que a linguagem matemática escolar é um produto resultante da associação entre a linguagem formal e a linguagem natural, que, quando utilizada pelo aluno, durante a aquisição de novos conteúdos matemáticos, em momentos de interação, expressa o conhecimento matemático de que o aluno já dispõe, bem como elementos de outras naturezas: afetiva/emocional, cultural e social.

Os conteúdos do processo interacional e suas inter-relações

De um modo geral, no contexto escolar, atribui-se a denominação *conteúdos* aos assuntos desenvolvidos por uma disciplina; entretanto, o significado do termo foi apresentado, de modo ampliado, nos textos das reformas curriculares da Espanha, na segunda metade da década de 1990.

De acordo com Coll et al. (1998):

> O enfoque curricular adotado na atual Reforma educacional aposta claramente – com base numa série de considerações que tem sua origem nos conhecimentos atuais sobre os processos escolares de ensino e aprendizagem e com base, também, numa série de reflexões que surgem da análise da estrutura interna do conhecimento – em enfatizar e destacar a importância dos conteúdos. Essa aposta, no entanto, não deve ser interpretada em hipótese alguma como um retorno às proposições tradicionais do ensino, centradas única e exclusivamente na transmissão e no acúmulo de listas infindáveis de conhecimentos. A reivindicação explícita da importância dos conteúdos nas atuais propostas curriculares pressupõe, de fato, uma reformulação e reconsideração profunda do próprio conceito de conteúdo, do que significa ensinar e aprender conteúdos específicos e do papel que desempenham as aprendizagens escolares nos processos de desenvolvimento e de socialização dos seres humanos. (Coll et al., 1998, p. 9-10)

Coll e os demais estudiosos responsáveis pela reforma do currículo espanhol apontaram três dimensões dos conteúdos escolares: os fatos e conceitos, os procedimentos e as atitudes. Os conteúdos factuais e conceituais referem-se ao conhecimento de dados e acontecimentos pontuais, bem como às relações que eles estabelecem entre si. Os conteúdos procedimentais incluem a aprendizagem de procedimentos, regras, técnicas e métodos e correspondem, por exemplo, ao desenvolvimento de habilidades como a leitura, o cálculo e o desenho. E, finalmente, os conteúdos atitudinais englobam uma série de conteúdos que podem ser agrupados em valores, atitudes e normas. Essa concepção de conteúdos serviu de referência para a elaboração dos Parâmetros Curriculares Nacionais, publicados no Brasil, em 1996.

Partindo da possibilidade de ampliação do termo *conteúdo*, adotou-se, neste trabalho, a mesma terminologia para se referir aos elementos que emergem do processo interacional oral. Ao longo dos momentos de conversação, alunos e professor não apresentam unicamente seus conhecimentos conceituais sobre as ideias matemáticas; outros conteúdos, de natureza emocional, cultural e social, são expressos e interferem na aprendizagem da Matemática.

Nesse sentido, foram criadas quatro categorias de conteúdos que emergem nos momentos de interação das aulas de Matemática:

- matemáticos escolares;
- emocionais;
- sociais;
- culturais.

Os conteúdos matemáticos escolares estão diretamente relacionados às ideias e aos procedimentos matemáticos explorados em sala de aula. As operações matemáticas, as noções de área e perímetro, as estimativas de medidas, a leitura de dados em um gráfico são exemplos de componentes dessa natureza e referem-se, na concepção de Coll et al. (1998), aos conteúdos factuais e procedimentais do ensino de Matemática.

Os conteúdos emocionais referem-se às atitudes e reações – dos alunos e do professor diante do conhecimento matemático – e às oscilações que esses aspectos da aprendizagem, diretamente relacionados à aquisição dos conteúdos matemáticos, sofrem na sala de aula.

Por conteúdos culturais compreende-se todo um arcabouço de conhecimentos, valores, costumes e elementos da linguagem (palavras e expressões de significado local), construído a partir do momento do nascimento do indivíduo, no interior da família, da comunidade a qual pertence ou mesmo da própria escola. Estratégias pessoais de cálculo, elaboradas em situações da vida cotidiana; conhecimentos gerais, adquiridos fora da escola sobre temas escolares; termos regionalizados utilizados na linguagem oral; procedimentos de ordem prática, como já saber manusear uma calculadora ou dispor de habilidade para se localizar espacialmente, são exemplos de conteúdos culturais.

Os conteúdos sociais, em articulação com os conteúdos culturais, são mais amplos e correspondem às representações que alunos e professores constroem durante a vida, respectivamente ao longo dos anos de docência e de escolaridade, sobre Matemática, ensino e aprendizagem da Matemática. Os conteúdos sociais abarcam os conteúdos culturais, uma vez que uma determinada sociedade é configurada pela existência de diversos grupos culturais, que ocupam posições distintas na estrutura social, produzindo valores pertencentes aos variados níveis ideológicos. Ao mesmo tempo, os conteúdos sociais influenciam os conteúdos emocionais, uma vez que atitudes e reações nas aulas de Matemática podem ser fruto dessas representações sociais.

Abreu (1995) enfatiza os aspectos sociais inerentes ao ato de ensinar e aprender, apontando a interferência da diferença valorativa das produções sociais no contexto escolar.

> Na prática todos sabemos que embora o termo cultura se refira a todas as produções da vida humana (Berry e outros, 1992), algumas são mais valorizadas do que outras. Também sabemos que as formas mais valorizadas tendem a ser aquelas associadas a grupos de *status* mais elevado na estrutura social. Por exemplo, o conhecimento dos médicos tende a ser mais valorizado do que o conhecimento das enfermeiras. Mas será que poderemos continuar explicando o funcionamento da mente humana omitindo esses aspectos? Será que podemos restringir a influência do social na cognição a um outro fisicamente presente? Será que podemos continuar a encarar o aprender como um acto puramente cognitivo? (Abreu, 1995, p. 30)

Após caracterizar, em linhas gerais, cada um dos conteúdos do processo interativo, faz-se necessária uma apresentação detalhada de cada um deles e suas inter-relações. Com frequência, os conteúdos que emergem dos momentos de interação se cruzam na sala de aula, porém, para compreender a complexidade das inter-relações entre eles, é importante o esforço de analisá-los individualmente, considerando seus aspectos distintivos, suas ênfases e possíveis especificidades.

Os conteúdos matemáticos propriamente ditos referem-se à linguagem matemática em suas duas dimensões – a sintática e a semântica – e, nesse sentido, envolvem a compreensão das ideias matemáticas e a apropriação gradual da simbologia da linguagem formal, manifestadas nas aulas de Matemática, no processo de interação entre aluno e aluno e aluno e professor.

Do ponto de vista do ensino, a metodologia adotada pelo professor, revestida, dentre outros fatores, dos conteúdos culturais e sociais, determina o *que* e *como* ensinar nas aulas de Matemática, gerando efeitos evidentes no processo de aprendizagem dos conteúdos matemáticos. Em geral, *como* ensinar é guiado pelo que se entende sobre o *que* ensinar.

Hernández (2002), referindo-se ao fato de que as ideias dos professores sobre a aprendizagem da Matemática se relacionam com suas concepções acerca do que deve ser ensinado, expõe um exemplo ilustrativo sobre o tema.

> [...] quem acredita que a multiplicação de naturais é, simplesmente, uma soma repetida, também acredita que se aprende essa operação aritmética, principalmente, memorizando combinações de pares de números (tabelas de multiplicar) e praticando rotinas algorítmicas (contas), o que esperam conseguir mediante muita exercitação (cálculo algorítmico e problemas rotineiros). Quem pensa, ao invés, que a multiplicação é uma operação mais complexa que a adição, que se integra a esta, mas que é mais ampla e abstrata, também consegue interpretar sua aprendizagem como um processo no qual intervêm muito mais fatores que a associação e a retenção de "rotinas". Para os primeiros, a aprendizagem da operação é uma concatenação de aprendizagens parciais verificadas na execução de rotinas; para os segundos, um processo compreensivo e não linear de conformação ativa verificável na resolução de situações apropriadas. (Hernández, 2002, p. 34)[14]

Dessa forma, no tratamento dos conteúdos matemáticos, é essencial não dissociar os aspectos do ensino dos aspectos da aprendizagem, considerando as dimensões sintática e semântica da linguagem matemática escolar.

Nessa mesma categoria de conteúdos, incluem-se, além dos conceitos e das ideias matemáticas, habilidades relacionadas não somen-

---

14. Tradução livre da autora.

te à natureza do conhecimento matemático, como também a outras áreas do conhecimento, tais como: refletir, deduzir, explicar, conjecturar, questionar e avaliar.

Os conteúdos emocionais que emergem do processo interacional são expressos por meio das atitudes, manifestadas de acordo com o contexto da sala de aula, com base em experiências concretas e determinadas pelas crenças dos alunos e do professor, isto é, pelo que eles pensam, pelo que sentem e pela forma como gostariam de se comportar diante das diferentes situações enfrentadas.

Do ponto de vista do aluno, gostar ou não gostar de Matemática, considerar-se bom ou mau aluno na aprendizagem da área, avaliar o conhecimento como útil ou inútil são crenças básicas que interferem na composição dos conteúdos de natureza emocional. Essas crenças podem oscilar de acordo com o contexto e as novas experiências que o aluno vivencia.

As atitudes são, portanto, o resultado das crenças de cada um, elaboradas no coletivo, e do contexto situacional, construído em sala de aula, e culminam em respostas emocionais produzidas da interrupção ou da impossibilidade de realizar um plano ou uma conduta planejada ou mesmo de uma experiência de sucesso, com resultados satisfatórios. Por exemplo, em uma situação de insucesso, o aluno, ao resolver um problema, após identificar as operações necessárias, depara-se com um cálculo complexo que o impede de concluir sua estratégia de resolução. A partir daí, o aluno faz uma avaliação negativa de suas possibilidades de compreender a Matemática, provocando um bloqueio externo (largar o lápis) e interno (passar a se considerar incapaz), muitas vezes acompanhado de uma reação fisiológica ou corporal (apatia, choro, dores no corpo, movimentos musculares tensos ou agitados).

Bermejo, Lago e Rodríguez (2000), em artigo no qual discorrem sobre as crenças de alunos e professores sobre a Matemática, apresentam uma situação hipotética elucidativa.

> Por exemplo, consideremos as respostas afetivas de um aluno ao resolver um problema verbal de Matemática. Imaginemos que o aluno acredita que os problemas verbais devem ter sentido e que se pode obter uma resposta razoável em

um ou dois minutos. Suponhamos também que ele tenha apresentado êxito em outras áreas da Matemática. No caso de não ser capaz de alcançar uma resposta satisfatória em um tempo razoável, o fracasso diante da resolução do problema (isto é, a interrupção de seu plano) acarretará provavelmente uma ativação fisiológica. A interpretação dessa ativação será provavelmente negativa, e se o aluno verbalizasse seus sentimentos, os classificaria como frustração. (Bermejo, Lago e Rodríguez, 2000, p. 132)[15]

O papel do professor, em situações como a exemplificada, é de fundamental importância, uma vez que contribuir com o aluno no sentido de encorajá-lo e levá-lo à superação de seu bloqueio pode resultar em uma possibilidade de solução para o problema e, automaticamente, serão produzidas reações positivas fisiológicas, emocionais e, consequentemente, atitudinais. Por outro lado, se a situação de fracasso é repetidamente vivenciada, resolver problemas será uma tarefa desprovida de prazer, mobilizando emoções negativas, sedimentando crenças que poderiam ser modificadas. Diante disso, na aula interativa, em que o aluno é convidado a mostrar que também pode acertar, suas crenças se transformam. É como se o gelo (solidificado) pudesse derreter-se aos poucos.

Mandler, cuja teoria sobre o ensino e a aprendizagem se constitui uma das referências mais importantes em relação ao papel desempenhado pelo afeto, propõe a existência de três aspectos da experiência afetiva no processo de ensino e aprendizagem da Matemática, que sintetizam as principais ideias sobre o tema exploradas até o momento:

> Primeiro, os alunos sustentam certas crenças sobre a Matemática e sobre si mesmos que desempenham um destacado papel no desenvolvimento de suas respostas afetivas nesse tipo de situações (situações de fracasso ou sucesso). Segundo, uma vez que as interrupções e bloqueios constituem uma parte inevitável da aprendizagem da Matemática, os alunos experimentarão emoções positivas e negativas durante o curso da mesma. Terceiro, desenvolverão atitudes positivas e negativas frente à Matemática (ou frente a partes do currículo de Matemática) à medida que

---

15. Tradução livre da autora.

CAPÍTULO 8   Sobre interações nas aulas de Matemática

se encontrem repetidamente na mesma situação ou em situações semelhantes. (Mandler, 1984 e 1989 apud Bermejo; Lago e Rodríguez, 2000, p. 133)[16]

Como deparar-se com situações de sucesso ou de fracasso é uma experiência que percorrerá a trajetória escolar dos alunos, torna-se necessário que eles desenvolvam estratégias efetivas que lhes possibilitem controlar suas reações emocionais de frustração e de alegria, sobretudo diante das tarefas de resolução de problemas. Chacón (2003) afirma que muitas das reações emocionais típicas em resolução de problemas podem ser fáceis de controlar e que os modelos de instrução não devem priorizar os processos cognitivos em detrimento do autoconhecimento e controle das reações emocionais.

> Quando um aluno compreende que a resolução de problemas envolve interrupções e bloqueios, pode perceber sua frustração como uma parte habitual na resolução e não como um sinal que leve a abandoná-lo. Do mesmo modo, os estudantes podem aprender que a alegria da descoberta de uma solução não deve provocar o relaxamento, e nessa situação é importante continuar com outra tarefa. Essa perspectiva das emoções possibilita que o aluno aprenda a rever soluções, a buscar outras mais aprimoradas e abordagens alternativas. (Chacón, 2003, p. 55)

Além disso, se o aluno considerar normal a existência de momentos de insatisfação, ou seja, se perceber que não é punido por errar, alcançará certo nível de controle sobre suas emoções e, segundo Matos, "isso corresponderá a uma alteração qualitativa importante na sua representação da atividade matemática" (Matos, 1992, p. 141).

No processo interacional, os conteúdos emocionais, intrinsecamente relacionados à aprendizagem dos conteúdos matemáticos, quando manifestados pela negação da realização das atividades matemáticas e repúdio à participação oral no grupo, podem estar associados a diversos fatores como, por exemplo, a falta de confiança nas possibilidades para enfrentar as situações-problema, preferindo os exercícios

---

16. Tradução livre da autora.

de aplicação direta como as listas de contas e cálculos rotineiros; o medo de vivenciar, mais uma vez, experiências marcadas como negativas na escola; a resistência, resultante da insegurança para entrar em contato com novas estratégias de resolução de problemas; e o desinteresse por algo que, segundo os alunos, jamais será aprendido.

Matos faz uma distinção entre ato emocional e estado emocional, assegurando que as emoções podem ser construídas e desconstruídas. Por estado emocional compreende-se uma condição do indivíduo, por meio da qual são expressos os sentimentos e modificadas as atitudes. Por exemplo, um caso de perda de um ente querido pode provocar um estado temporário de tristeza que interfira significativamente na aprendizagem do aluno. O ato emocional, por sua vez, desencadeia-se a partir da avaliação que o aluno faz da situação ou do objeto com o qual ele entra em contato.

> A avaliação do objeto ou da situação resulta fundamentalmente num confronto entre a realidade antecipada e a realidade interpretada pelo indivíduo. Esta avaliação é realizada de forma individual, isto é, trata-se de um ato eminentemente individualizado. Esse ato de avaliação e construção é realizado através da representação[17] correspondente. A confrontação entre a realidade antecipada e a realidade interpretada gera um dado grau de discrepância entre ambas e é esta discrepância que caracteriza o ato emocional. (Matos, 1992, p. 139)

Por exemplo, o aluno que dispõe de uma concepção antecipada de Matemática como uma disciplina complexa, de difícil entendimento, que é para poucos, manifestará emoções de satisfação ao ser inserido em uma adequada situação interacional de confronto, que lhe permita desenvolver suas ideias e expressar seu pensamento. Cabe ao professor, portanto, planejar aulas que promovam essa mudança emocional nos alunos, incluindo a possibilidade de participação daqueles que se sentem menos encorajados a falar.

---

17. Matos (1992) refere-se à representação sobre a Matemática e define o termo representação da seguinte forma: "A representação constitui o produto e o processo de uma atividade pela qual as pessoas constroem a realidade frente a situações e objetos com os quais são confrontadas e lhes atribuem uma significação específica" (p. 133).

CAPÍTULO 8 Sobre interações nas aulas de Matemática

Dessa forma, de acordo com as experiências vivenciadas com o conhecimento matemático, os atos emocionais são construídos ou desconstruídos. Se hoje um aluno fracassa na execução de uma tarefa, o que mobiliza uma emoção negativa, amanhã poderá entusiasmar-se diante de uma situação em que obtenha sucesso.

Os componentes de natureza emocional, além de se relacionarem com os aspectos propriamente matemáticos da aprendizagem, são diretamente influenciados pelos conteúdos sociais, uma vez que as crenças sobre as ações de ensinar e aprender são construídas com base em um sistema de representações e valores sociais no qual cada aluno e o professor estão inseridos.

De acordo com Matos:

> O comportamento não é apenas determinado pelo que as pessoas gostariam de fazer, mas também por aquilo que elas pensam que devem fazer, isto é, pelas normas sociais, por aquilo que em geral fazem, isto é, pelos hábitos sociais, e pelas consequências esperadas do seu comportamento. (Matos, 1992, p. 127)

A expectativa do professor de que seus alunos se tornem bons alunos; a exigência dos pais, voltada para o bom desempenho escolar, traduzido em notas e conceitos; a necessidade de assimilar o conhecimento de várias disciplinas para ser aprovado ao final do ano letivo, entre outros fatores do contexto socioinstitucional, prescrevem a relação que o aluno estabelece com a Matemática. Assim, a aprendizagem das ideias matemáticas será mediada pelo significado que cada aluno atribui ao conhecimento matemático, ao professor de Matemática e a como se deve aprender Matemática, de acordo com as expectativas sociais e suas crenças. Ainda para Matos, "é assumido que toda a experiência é mediada pela interpretação, isto é, todos os objetos, pessoas, acontecimentos e situações não possuem um significado próprio; o seu significado lhes é conferido pelas pessoas" (p. 132).

Nessa perspectiva, os conteúdos sociais englobam o nível de valorização do conhecimento matemático, definido pelos alunos e pelo professor, construído socialmente, e suas repercussões no significado atribuído à atividade matemática escolar e aos sujeitos nela envolvidos.

Do ponto de vista do professor, sua representação de Matemática e de ensino de Matemática determina sua ação em sala de aula e corresponde aos conteúdos sociais – do professor – veiculados (transmitidos com certa autoridade pedagógica!) aos alunos.

Abreu, citando Bishop, sintetiza a importância dos conteúdos sociais na aprendizagem da Matemática:

> A Matemática, além de ser um certo tipo de tecnologia simbólica, é também condutora e produto de certos valores. Se somente procurarmos entender a Matemática como uma tecnologia simbólica particular, somente entenderemos uma parte – talvez, na verdade, para a educação e para o nosso futuro, a parte menos importante. (Bishop apud Abreu, 1995, p. 29)

Os conteúdos culturais referem-se aos elementos matemáticos vivenciados culturalmente e às diversas formas de expressão da linguagem cotidiana para a comunicação das ideias matemáticas.[18] Por meio da análise dos conteúdos culturais, é possível verificar a presença, por exemplo, de procedimentos de cálculo vivenciados no contexto familiar, de termos da linguagem cotidiana utilizados para designar ideias relacionadas aos conteúdos matemáticos. Os conhecimentos construídos na cultura familiar, no círculo de amizades e na instituição escolar devem ser agregados aos conteúdos matemáticos escolares. As estratégias de contagem – por exemplo, de figurinhas, entre amigos, no horário de intervalo das aulas – podem contribuir para a aprendizagem do conhecimento formal sobre as operações de adicionar e subtrair. As experiências numéricas extraescolares que os alunos da Educação Infantil vivenciam compõem outro exemplo de conteúdos culturais e devem ser contempladas no planejamento de aula do professor que deseja ensinar os números às crianças. Para isso, vale destacar a importância de pensar no aluno individualmente e não somente na totalidade da classe.

---

18. Não se pretende neste trabalho estender-se a um estudo antropológico ou histórico, analisando todos os componentes da dimensão cultural relacionados ao conhecimento matemático. Para isso, é recomendada a leitura dos estudos etnomatemáticos.

CAPÍTULO 8   Sobre interações nas aulas de Matemática

Bishop (1999) destaca a inadequação de considerar a criança genérica, afirmando que, atualmente e de um modo geral, o ensino de Matemática ocorre via uma "aprendizagem impessoal", o que, segundo o autor, deveria ser modificado.

> As crianças são pessoas distintas e suas contribuições para o desenvolvimento cultural também diferem. Sem dúvida, uma perspectiva cultural da Educação Matemática deve reconhecer a existência de personalidades individuais. A criança não é "algo". As crianças são pessoas jovens com muitos atributos diferentes e, consequentemente, procuro dar um enfoque à Educação Matemática que aceite, reconheça e desenvolva todas as crianças como personalidades individuais. (Bishop, 1999, p. 118)[19]

Na perspectiva dos estudos de Bishop, o conhecimento matemático é considerado produção cultural, uma vez que se apoia na definição de Stenhouse de cultura: "a cultura consiste em um complexo de compreensões compartilhadas que atua como meio pelo qual as mentes individuais interagem para comunicar-se entre si" (Stenhouse apud Bishop, 1999, p. 22).[20] Além disso, contempla as ideias de Kline sobre Matemática, também sustentadas na afirmação de Stenhouse, que apresentam a Matemática como "um conjunto de ideias, um complexo de compreensões" (Kline apud Bishop, 1999, p. 22),[21] consolidando a Matemática como uma "força cultural" da nova era.

Com base nessa concepção cultural de Matemática, Bishop (1999) concentra suas investigações no tipo de educação que permita que essa "força cultural" seja reconhecida, assimilada e desenvolvida no contexto escolar.

Davies (apud Bishop, 1999) aponta três níveis de cultura, relacionando-os ao conhecimento matemático: o nível informal, o nível formal e o nível técnico.

O nível informal da cultura matemática corresponde à Matemática praticada nas situações do cotidiano, empregada de uma maneira implícita (aparecendo em um segundo plano) e imprecisa.

---

19. Tradução livre da autora.
20. Idem.
21. Idem.

> [...] em uma conversação habitual de nível informal, usar-se-ão expressões como sempre, nunca, igual a, mas normalmente não terão os significados precisos que têm na Matemática, e as técnicas aritméticas rápidas que empregam, por exemplo, os vendedores ambulantes, originar-se-ão do simbolismo ou da tecnologia atual, mas não terão nenhum poder de generalização além do contexto específico. (Davies apud Bishop, 1999, p. 115)[22]

No nível formal, a cultura matemática refere-se ao emprego intencional, consciente e explícito dos conceitos e da simbologia. Alguns profissionais, como arquitetos, engenheiros e economistas, utilizam o nível formal da cultura matemática para desempenhar suas funções.

E, finalmente, o nível técnico da cultura matemática ocupa-se do estudo do objeto da Matemática, ou seja, de todo o sistema simbólico, por meio do qual o conhecimento matemático se desenvolve. Segundo Bishop:

> [...] este é o nível em que os investigadores trabalham com problemas matemáticos: o nível em que se gera a multiplicidade de técnicas e conceitos matemáticos especializados que, se supõe, representam um avanço do conhecimento. (Bishop, 1999, p. 116)[23]

Aproximando a concepção de conteúdos culturais deste trabalho dos níveis culturais de Davies, apresentados por Bishop, atentar-se-á aos aspectos do nível informal, considerando-se os elementos matemáticos presentes em situações do cotidiano de indivíduos não especialistas, que emergem nas interações da sala de aula.

Bishop (1999) utiliza a expressão "enculturação matemática" para se referir ao processo de assimilação das noções da área nos três níveis da cultura matemática, embora direcione seus estudos, prioritariamente, à enculturação matemática intencional que ocorre na escola, por meio do que ele denomina os "enculturadores matemáticos", isto é, os professores. Segundo o autor, "todos os adultos que compartilham os valores e as ideias simbólicas da cultura matemática desempenharão

---

22. Tradução livre da autora.
23. Idem.

CAPÍTULO 8   Sobre interações nas aulas de Matemática

um papel na enculturação informal mediante o discurso, o exemplo, o trabalho em cooperação, as interações sociais etc." (Bishop, 1999, p. 119)[24] Dessa forma, os professores são os adultos responsáveis pelo processo de "enculturação matemática" que ocorre na escola.

Ao considerar os aspectos sociais da educação matemática, Bishop (1999) aponta cinco níveis: cultural, societal, institucional, pedagógico e individual.

O grupo social mais amplo é o grupo cultural, uma vez que a Matemática é concebida como um fenômeno cultural e, segundo o autor, *"tem uma natureza claramente suprassocial"* (Bishop, 1999, p. 36).[25] O nível societal corresponde à diversidade da prática matemática entre as diferentes sociedades. Embora a Matemática seja um fenômeno cultural e universal, é inegável a influência das aspirações e metas de cada sociedade no ensino de Matemática. De acordo com Bishop, mencionando um exemplo referente aos estudos interculturais, "o ensino da Matemática em uma sociedade predominantemente agrícola poderia ser notavelmente diferente do de uma sociedade muito tecnológica" (Bishop, 1999, p. 36).[26]

O nível institucional envolve o currículo "praticado" e o sistema de avaliação da escola, a maneira de agrupar os alunos, a opção pelos materiais didáticos, entre outros aspectos, que interferem no processo de "enculturação matemática" realizado no contexto escolar.

O nível pedagógico abrange o professor, o grupo de alunos da sala de aula e os valores sociais que delimitam as relações interativas.

> Dentre as limitações estabelecidas pela sociedade e pela instituição, o professor e o grupo modelam, em interação, os valores que cada criança receberá em relação à Matemática. Mediante as atividades, e com reforço e negociação, a criança segue um processo de enculturação no qual adquire maneiras de pensar, de se comportar, de sentir e de valorar. (Bishop, 1999, p. 33)[27]

---

24. Tradução livre da autora.
25. Idem.
26. Idem.
27. Idem.

Todos os níveis até aqui mencionados constituem, segundo Bishop, o nível individual, que corresponde aos significados construídos por cada aluno, individualmente.

> Cada criança, como aluno e criador de significados, leva uma dimensão pessoal a esta instituição em função de sua família, sua história e sua "cultura" local. Não há dois alunos que sejam iguais; por consequência, mesmo que as mensagens que se transmitam acerca dos valores possam ser consideradas "iguais", a mensagem recebida será diferente porque os receptores são diferentes. (Bishop, 1999, p. 33)[28]

Dessa forma, concluindo a descrição dos conteúdos que emergem do processo interacional das aulas de Matemática, podemos estabelecer uma relação entre os cinco níveis dos aspectos sociais da educação matemática propostos por Bishop (1999) e os conteúdos sociais e culturais propostos neste trabalho.

Considerando a concepção segundo a qual na Matemática escolar há a composição entre os aspectos sintáticos e semânticos para atribuir significado aos conceitos matemáticos, o aluno recorre a diferentes recursos, sobretudo ao uso da língua materna. E, ao falarem de Matemática, alunos e professor expressam conteúdos referentes ao conhecimento matemático propriamente dito, emocionais, culturais e sociais.

Apropriar-se desses elementos que emergem dos momentos de interação é condição básica do professor que tem por objetivo promover o interesse dos seus alunos por aprender compreendendo as ideias matemáticas.

Santos (2004) afirma que a configuração do ambiente da sala de aula ocorre a partir da união de aspectos relacionados ao professor, ao aluno e ao conhecimento matemático.

> Quando o professor está diante dos seus alunos, ensinando Matemática, ele leva consigo sua história de vida, um conjunto de ideias, crenças e intuições sobre a

---

28. Tradução livre da autora.

Matemática, sobre seu ensino e sobre o aluno, que configuram sua bagagem e formação e um projeto curricular "pessoal" que de algum modo o habilitam a tomar decisões.

Nesse encontro os alunos também levam consigo suas motivações, interesses, expectativas e hipóteses. Levam suas histórias, algum conhecimento e disposição para construir significados e para se relacionar com a Matemática. Levam também suas características individuais, sua condição sociocultural, suas dificuldades e diferenças.

Citar elementos como esses é necessário para afirmar que, quando o professor se esforça para trabalhar as operações, a resolução de problemas, a geometria ou as medidas, há um ambiente, um clima ou "estado de espírito" favorável ou hostil ao seu trabalho. (Santos, 2004, p. 2)

O professor propõe uma tarefa e, embora o tipo de atividade – desafios, jogos, situações-problema contextualizadas, treinos algorítmicos – interfira na (des)motivação dos alunos para a sua realização, um elemento fundamental na aprendizagem é a mediação do professor naquilo que os alunos fazem durante o desenvolvimento das atividades propostas. Por exemplo, os jogos matemáticos, que normalmente são atraentes aos alunos por oferecerem maior dinamismo à aula e servirem como um inestimável recurso à aprendizagem, podem, em poucos minutos, perder o valor pedagógico caso sua função e uso não sejam reconhecidos e demarcados pelo professor na dinâmica da atividade proposta. Incomodar-se com o fato de perder um jogo, desejar adaptar as regras de acordo com jogos vivenciados em outros contextos, negar-se a jogar – com base na representação social/cultural de que certos jogos (como o de cartas) devem ser proibidos no ambiente escolar são conteúdos que podem ser expressos pelos alunos durante a aula e que podem interferir de modo significativo na disposição deles para realizar a atividade e, consequentemente, no contato com o conhecimento matemático.

E esse conjunto de ideias, reações, vivências e crenças está vivo nas aulas de Matemática e merece seu devido espaço no processo de ensino e aprendizagem.

Cabe ao professor, portanto, considerar e gerir tais aspectos da sala de aula, propondo situações de interação em que os alunos tenham a oportunidade de se expressar.

PARTE 3
SITUAÇÕES PARA CONHECIMENTO, ANÁLISE E DISCUSSÃO

CAPÍTULO 9
Provocações

A discussão proposta neste livro põe em relevo diferentes aspectos que são candentes do ensino de Matemática na escola básica brasileira na atualidade, considerando a sua reorganização com a ampliação do Ensino Fundamental para nove anos. É claro que cada ponto aqui apresentado pode ser desdobrado em muitos outros que também são objeto de interesse dos educadores matemáticos, como foco dos seus estudos teóricos, das suas práticas de pesquisa e na sua prática pedagógica voltada para a educação básica ou para a educação superior, no que concerne à formação dos futuros professores para o ensino de Matemática.

Considera-se como um dos princípios-chave subjacente aos pontos de vista apresentados neste livro que é fundamental a vontade do professor de ter um domínio do conjunto de dimensões que caracterizam sua atividade profissional e que a transformação da sua relação com essas dimensões decorre dessa vontade e das suas decisões. De outro modo, advoga-se que o patrimônio principal do professor como profissional é a autonomia para gerir sua atuação na aula. Isso pode significar mobilizar diferentes saberes: os específicos relacionados à Matemática (de Matemática, sobre a Matemática, sobre ensinar e aprender Matemática, sobre a seleção e adequação de conteúdos e recursos didáticos etc.) e os gerais (sobre a classe, a escola e os alunos, sobre a educação e seus fundamentos, sobre a avaliação etc.), entre outros, entendendo que a atribuição de bem realizar a gestão da classe depende da combinação entre sua tomada de decisão individual e essa gestão com o processo coletivo de decisão, para assim haver a construção e manutenção de um projeto pedagógico ao qual está integrado como sujeito ativo. Faz parte desse trabalho, portanto, a pesquisa que o professor de Matemática frequentemente precisa fazer para planejar o seu trabalho com a Matemática, selecionar atividades e recursos didáticos segundo a perspectiva curricular na qual acredita e que reconhece como proposta para a realização do ensino de qualidade da disciplina. É parte também a construção de uma base de apoio para a gestão coletiva do processo pedagógico escolar e para o encaminhamento de soluções para questões outras que extrapolem o âmbito da gestão individual do professor, despersonalizando a origem e os procedimentos a depender do tipo de questão que esteja sendo tratada.

Por essa razão, algumas situações apresentadas a seguir têm o sentido de ilustrar pontos de vista expostos ao longo do texto, e não o de oferecer um menu de boas atividades para serem reproduzidas. Tal propósito seria contraproducente e incoerente com o conjunto de ideias aqui defendidas.

Situação 1

O grupo Ermel, que tem seus estudos voltados para o ensino e aprendizagem de noções matemáticas nos anos iniciais de escolarização, destaca cinco hipóteses (conforme Quadro 9.1, a seguir) que expressam suas concepções de aprendizagem. Tais hipóteses são apresentadas e discutidas no âmbito da abordagem de noções numéricas.

Quadro 9.1 Hipóteses do grupo Ermel

---

1. A FUNÇÃO DA RESOLUÇÃO DE PROBLEMAS NA CONSTRUÇÃO DOS CONHECIMENTOS

- **Hipótese 1:** Muitos conhecimentos (saberes, *savoir-faire*, concepções, representações) são elaborados e ganham sentido por meio das ações finalizadas, isto é, permitindo resolver um problema, responder a uma questão, numa situação da qual o sujeito foi capaz de se apropriar.

2. AS INTERAÇÕES SOCIAIS

- **Hipótese 2:** Aprender faz-se também num contexto de interações sociais: interações entre os pares: confrontação, troca, alcance e legitimação; interações com o adulto: função mediadora/reguladora.

3. DOS CONHECIMENTOS ANTIGOS AOS CONHECIMENTOS NOVOS

- **Hipótese 3:** Os conhecimentos não se amontoam, não se acumulam, não se constroem do nada; a sua elaboração está sujeita a rupturas e a reestruturações. Aprende-se a partir de, mas também contra o que já se sabe.

4. A FUNÇÃO DO TREINO E A NECESSIDADE DAS TOMADAS DE CONSCIÊNCIA

- **Hipótese 4:** O aprender raramente se faz de uma só vez. Aprender é também recomeçar, treinar, voltar atrás, portanto repetir, mas repetir compreendendo o que se faz e por que é que se faz.
Repetição/memorização de modo consciente e voluntário;
Tornar eficaz determinado procedimento e que reduz o custo de certas tarefas.
- **Hipótese 4a:** Para se tornarem um dia transferíveis para novas situações de utilização, os conhecimentos devem ser reconhecidos, nomeados, descontextualizados.

5. A DISPONIBILIDADE DOS CONHECIMENTOS

- **Hipótese 5:** Um conhecimento não é plenamente operatório a não ser que seja mobilizável em situações diferentes das que serviram para lhes dar origem.

Fonte: Institut National de Recherche Pédagogique (1995).

É um exercício necessário cotejar tais hipóteses com as concepções de aprendizagem em Matemática nas quais se apoiam a prática de cada professor ou futuro professor, os documentos curriculares e publicações veiculadas e disponíveis na escola brasileira. Com base nisso, pode-se considerar:

1. Essas hipóteses ou parte delas podem ser consideradas em relação a outras noções matemáticas?
2. Com base na leitura do livro, é possível considerar que há outros aspectos não contemplados pelo grupo e que são relevantes para o debate sobre currículos e ensino de Matemática? Em caso afirmativo, formule outras hipóteses.

Comentários

A reflexão solicitada requer que o leitor (professor ou futuro professor) considere em que medida leva em conta, na sua prática, ideias como as de resolução de problemas, as interações sociais na aula, o treino e a repetição não dissociados da compreensão do significado, de dificuldades e obstáculos inerentes ao aprender e compreender etc.

As proposições formuladas pela equipe Ermel têm um caráter geral que tanto podem ser aplicadas às aprendizagens numéricas e resolução de problemas quanto ser estendidas e adequadas ao trabalho com noções matemáticas outras e mesmo ao ensino em outras áreas do conhecimento. A própria equipe produziu outros trabalhos cuja abordagem é coerente com as concepções acima expostas.

O conjunto de proposições se ressente da falta de uma ênfase maior sobre o papel das referências tangíveis dos alunos relacionadas a diferentes experiências escolares ou não, ao real nas suas várias dimensões que emergem na relação dos alunos com o saber matemático.

Situação 2

Apresentamos a seguir três quadros, 9.2, 9.3 e 9.4, nos quais os autores mencionados no Capítulo 2 abordam o tamanho do espaço de dois modos diferentes e com os quais dialogam as dimensões de contextos discutidas nesse capítulo.

A   A primeira sugestão é que se analisem esses quadros e se discutam as afirmações do tópico **O mundo sensível, o tangível e o "real" na relação com a Matemática**, relativas aos contextos, escalas do real e a relação dos alunos com noções matemáticas: "Para um mesmo aluno, seja ele do ano A, B, C ou D, do nível X, Y ou Z de ensino, uma atividade da sala de aula ou uma situação da cena cotidiana pode mobilizar noções matemáticas relacionadas ao universo das compras e vendas, dos meios de transportes, do mundo esportivo ou televisivo, das medidas e do cálculo de porcentagens, do espaço físico, geométrico ou geográfico nas suas diferentes dimensões e tamanhos (*real imediato* e *real mediato*); ou, com base nesses contextos mencionados, de uma motivação cognitiva/intelectual podem-se gerar uma indagação, uma questão ou reflexão que remetam à necessidade de realizar pesquisas, de lançar mão de modelos matemáticos mais complexos ou a uma formulação teórica mais elaborada (*real pensado/hipotetizado*)".

B   A segunda sugestão é analisar as diferentes situações apresentadas nos quadros procurando identificar e explicitar ideias relacionadas ao domínio do *real pensado/hipotetizado*.

Quadro 9.2 Descrição das características dos tipos de espaços (Higueras, 2001, p. 157-158)

	Microespaço	Mesoespaço	Macroespaço
Caracterização	Espaço das interações ligadas à manipulação dos objetos pequenos. É o espaço próximo ao sujeito que contém os objetos muito acessíveis.	Espaço dos deslocamentos do sujeito em um domínio controlado pela vista; os objetos são fixos e estão entre 0,5 e 50 vezes o tamanho do sujeito. É o espaço que contém um imóvel e pode ser percorrido pelo sujeito tanto no interior quanto no exterior.	Corresponde a um setor do espaço cuja dimensão é tal que só pode ser abarcado por uma sucessão de visões locais, separadas entre si por deslocamentos do sujeito sobre a superfície terrestre.
Visão	Próximo ao sujeito. Acessível à sua manipulação e visão.	Acessível à visão global, quase simultânea.	Acessível somente a visões locais/parciais. A visão global deve ser construída intelectualmente.
Deslocamentos	Todos os deslocamentos do objeto e do sujeito são possíveis: percepção exaustiva do objeto.	Objetos fixos funcionam como pontos de referência, percebidas somente certas perspectivas. Deslocamento do sujeito limitado: espaço diferenciado em função de "vazios" e "cheios".	Objetos fixos funcionam como pontos de referência. Os deslocamentos do sujeito estão limitados pela distribuição dos objetos.

(*Continua*)

(Continuação)

	Microespaço	Mesoespaço	Macroespaço
Informação	Alta densidade de informação para o sujeito: – controle empírico das relações espaciais; – não há necessidade de conceituação.	Menor densidade informacional, maior custo das ações (em relação ao microespaço): um certo nível de conceituação é necessário para integrar e coordenar diferentes perspectivas.	Três tipos de macroespaço em função da densidade informacional decrescente: urbano, rural e marítimo. A conceituação é indispensável para reconstruir a continuidade do espaço e obter uma representação global.
Posição do sujeito	O sujeito está no exterior do espaço, centrado sobre sua perspectiva.	O sujeito está no interior do espaço, tem necessidade de descentrações.	O sujeito está no interior do espaço, tem necessidade de descentrar-se para interagir e coordenar suas percepções fragmentárias.
Sistema de referência	O espaço é gerado em torno do objeto. As propriedades espaciais atribuídas ao objeto são longitude em suas três dimensões. Não há necessidade de sistemas de referência.	O espaço é considerado como um continente homogêneo dos objetos. Propriedades do espaço vazio: extensão (distâncias); há três dimensões e não é isótropo. Necessidade de coordenar sob o controle contínuo da vista, o sistema de referência do sujeito com um sistema de referência fixo.	Espaço como continente, construído intelectualmente. Propriedades do espaço: extenso, três dimensões. Espaço isótropo. Para orientar-se é necessário coordenar um sistema de referência do sujeito (móvel) com sistemas externos (fixos).

Quadro 9.3 Possíveis atividades geométricas envolvendo relações entre Geometria e Natureza.

		TAMANHOS DO ESPAÇO			
		Microespaço	Mesoespaço	Macroespaço	Cosmoespaço
A T I V I D A D E	Quantitativa	Analisar as distâncias e proporções interatômicas de um modelo molecular ou viral.	Analisar a sequência dos ângulos de crescimento de folhas de ramos de diferentes tipos de árvores.	Tomar as medidas necessárias de um pequeno monte do entorno para poder fazer seu desenho topográfico.	Determinar as medidas necessárias para construir a escala modelo das diferentes constelações.
	Figurativa	Visualizar e estudar os eixos e planos de simetria de uma estrutura cristalina ou viral.	Classificar segundo os distintos tipos de simetria flores, plantas, folhas, caracóis, animais etc.	Construir uma maquete topográfica e analisar sua forma. Desníveis, cortes, falhas etc.	Fazer uma observação astronômica para localizar na esfera celeste distintas constelações.
E S P A C I A L	Estrutural	Construção de modelos estruturais de cristais ou vírus.	Explorar e fazer um gráfico de tipo "plantação" de distintos tipos de árvores.	Desenhar e interpretar mapas topográficos.	Tomar as referências e orientação necessária para colocar em uma pequena cúpula geodésica os modelos das distintas constelações.

Fonte: Alsina et al. (1995, p. 30).

Quadro 9.4 Possíveis atividades geométricas envolvendo relações entre Geometria, Ciência e Tecnologia.

		TAMANHOS DO ESPAÇO			
		Microespaço	Mesoespaço	Macroespaço	Cosmoespaço
A T I V I D A D E	Quantitativa	Analisar o número de esferas iguais e mutuamente tangentes, necessárias para determinar um modelo atômico de um elemento químico.	Analisar numericamente a proporcionalidade inversa da lei da alavanca.	Contar o número e o tipo de barras para construir cúpulas geodésicas.	Localizar pontos geográficos no globo terrestre dadas suas correspondentes coordenadas.
	Figurativa	Visualizar e estudar os eixos e planos de simetria dos modelos atômicos de diversos elementos químicos.	Descrever os esquemas geográficos de diversas máquinas simples.	Visualizar e localizar os eixos de simetria de ordem 5 e 6 de uma cúpula geodésica.	Comparar a mudança de forma de diversas zonas geográficas segundo as diversas projeções cartográficas.
E S P A C I A L	Estrutural	Construir diversas estruturas atômicas de elementos químicos mediante a aglomeração de esferas.	Estudar os diagramas de forças de diferentes máquinas simples.	Construir, dado o gráfico de incidência, uma cúpula geodésica.	Interpretar e construir diferentes mapas-múndi.

Fonte: Alsina et al. (1995, p. 32).

Comentários

Os quadros apresentam uma separação entre os tamanhos de espaços que têm uma função de centrar a atenção em diferentes aspectos ou diferentes possibilidades de visualizar e compreender o espaço físico, não significando uma separação que suponha uma fragmentação do espaço uno, uma gradação linear ou estágios que estejam associados, cada um, ao micro, meso, macro ou cosmoespaço. Vale lembrar que tais dimensões podem ser percebidas ao mesmo tempo por uma mesma pessoa, e seu maior ou menor interesse, o foco da sua atenção, recaiam sobre um ou vários aspectos com menor ou maior complexidade a depender da experiência, percepção e conhecimentos do sujeito, bem como do contexto e da atividade. A exemplo do que se discutiu em relação à escala do real proposta anteriormente, as dimensões do espaço também "habitam" o mesmo sujeito, ao mesmo tempo e não necessariamente numa ordem temporal preestabelecida.

Situação 3

Esta situação, que abordamos frequentemente em cursos de formação inicial ou continuada de professores para o ensino de Matemática, é tomada como emblemática na ilustração de algumas das concepções e reflexões propostas neste livro. Por isso a apresentamos para a discussão de aspectos relacionados à abordagem, de modo diferenciado, de uma mesma noção em diferentes níveis de ensino e ao mesmo tempo, em que diferentes noções e contextos (matemáticos ou não) são passíveis de discussão, promovendo a articulação entre elas, rompendo com segmentações típicas da tradição curricular e de formação de professores.

Trata-se da matematização de uma situação em que se propõe a construção de uma caixa prismática sem tampa com três tipos de folha de papel com características diferentes.

CAPÍTULO 9 Provocações

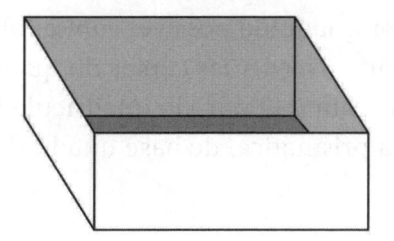

Para realizar as atividades, são necessárias: folhas de papel sulfite, de papel quadriculado e milimetrado, tesoura e calculadora.

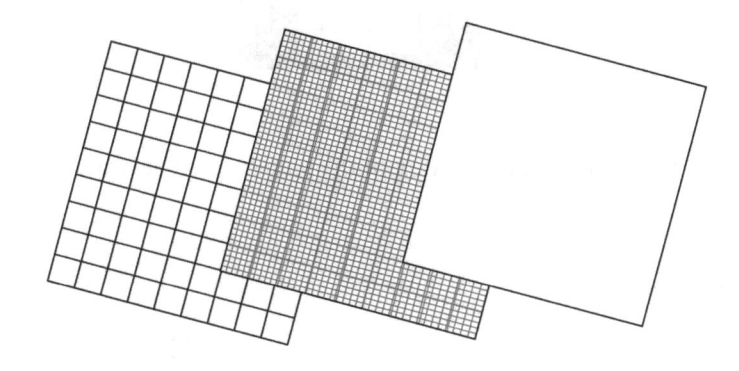

PARTE I

Utilizar uma folha de papel quadriculado de largura e comprimento a definir.

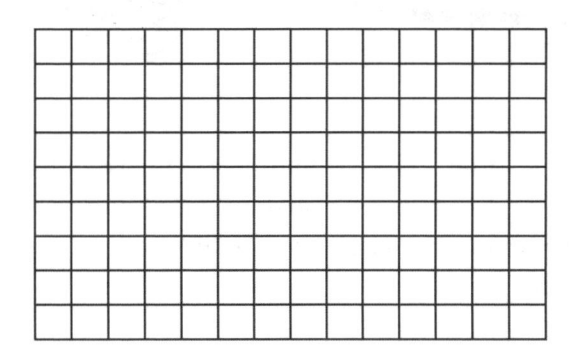

1. Obter o maior quadrado possível com a folha de papel quadriculado (providenciar várias cópias do quadrado).
2. Confeccionar com o quadrado quadriculado uma planificação de uma caixa prismática, de base quadrada, sem tampa.

Por exemplo:

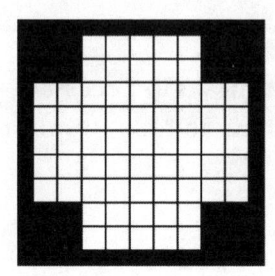

3. Confeccionar mais duas planificações diferentes.

Por exemplo:

4. Confeccionar todas as planificações possíveis. Quantas são?
5. Analisando os tipos de caixas obtidas com as diferentes planificações e sem calcular, arrisque dizer qual das caixas tem maior volume.

Por exemplo:

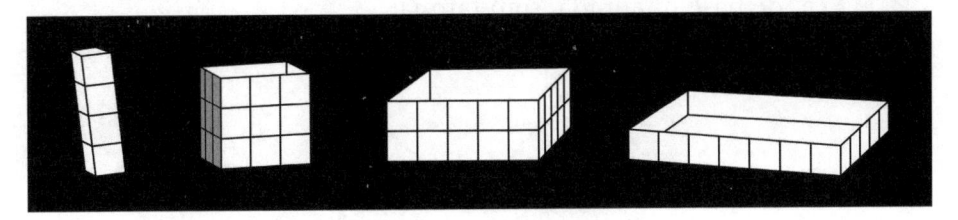

6. Calcule os volumes das caixas para conferir a resposta do item anterior.
7. Construa um gráfico tomando como referência o volume e a altura da caixa.

PARTE II

Utilizar uma folha de papel milimetrado de mesma largura e comprimento que a folha de quadriculado (usar o lado do quadrado maior como unidade).

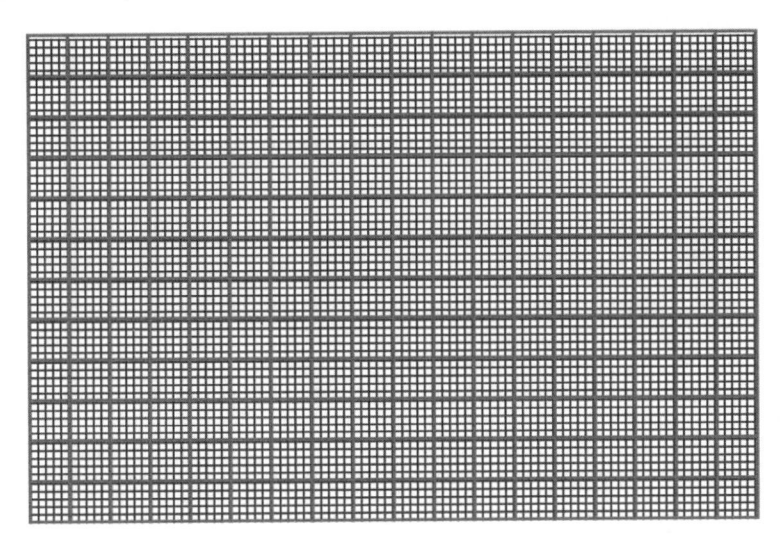

1. Obter o maior quadrado possível com a folha de papel milimetrado de maneira análoga para obter o quadrado com o papel quadriculado.

2. Confeccionar diferentes planificações de uma caixa prismática, de base quadrada, sem tampa.
Por exemplo:

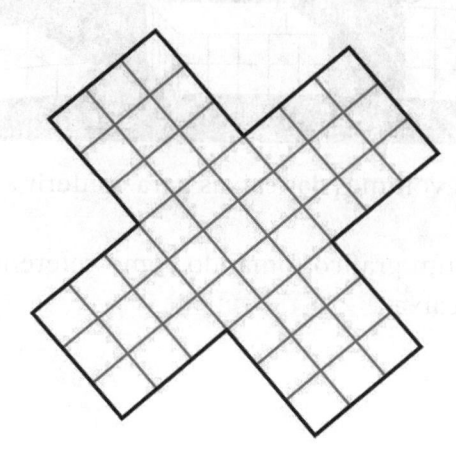

3. Confeccionar todas as planificações possíveis. Quantas são?
4. Analisando os tipos de caixas obtidas com as diferentes planificações e sem calcular, arrisque dizer qual das caixas tem maior volume.
5. Calcule os volumes das caixas para conferir a resposta do item anterior.
6. Construa um gráfico tomando como referência o volume e a altura da caixa.
7. O que mudou em relação ao que foi obtido na Parte I? Por quê?

PARTE III

Utilizar uma folha de papel sulfite de mesmas dimensões que as das folhas utilizadas nas Partes I e II.

CAPÍTULO 9   Provocações

1. Obter o maior quadrado possível com a folha de sulfite.
2. Confeccionar diferentes planificações de uma caixa prismática, de base quadrada, sem tampa.

Por exemplo:

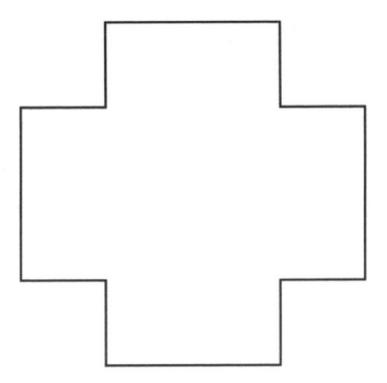

3. Confeccionar todas as planificações possíveis. Quantas são?
4. Analisando as diferentes planificações e sem calcular, arrisque dizer qual das caixas tem maior volume.
5. Calcule os volumes das caixas para conferir a resposta do item anterior.

6. Construa um gráfico tomando como referência o volume e a altura da caixa. É possível saber qual é o maior volume de caixa que pode ser obtido?

Questões

1. Para qual nível ou níveis a atividade de ensino é adequada?
2. Quais noções matemáticas são abordadas na situação, considerando-se as três partes?
3. Quais argumentos e ideias podem figurar numa síntese sobre o desenvolvimento das atividades? Sobre os contextos utilizados? Sobre o cálculo dos volumes das caixas? Sobre os gráficos?
4. Analise a utilidade da atividade.

Comentários

A atividade apoia-se em princípios e concepções debatidos especialmente no Capítulo 4:

- a resolução de problemas, tomada como uma via importante de abordagem das noções matemáticas;
- contextualização de conceitos e procedimentos matemáticos;
- trabalhar um mesmo conceito matemático em diferentes situações-problema e trabalhar situações-problema que representem um contexto de utilização de diferentes conceitos;
- um conteúdo matemático pode ser trabalhado com progressivos graus de aprofundamento.

A atividade se desenvolve num movimento ascendente tomando como referência sempre uma mesma situação-problema (confecção de planificações de uma caixa prismática sem tampa) variando-se o contexto em que essa situação se apresenta (folha de papel quadriculado, milimetrado e folha de papel sulfite) e a problematização é feita mantendo-se as mesmas perguntas. Diferentes domínios (numérico, algébrico, geométrico) são explorados sem privar o aluno do contato com a complexidade que a situação apresenta. Evidentemente, trata-se de um trabalho no qual o esforço e as possibilidades de um aluno (não importa o ano escolar) para resolver problemas e responder às questões propostas na atividade põem em jogo um vasto conjunto de elementos: a sua intuição, a percepção espacial, os conhecimentos matemáticos, a experiência, o desenho de estratégias, a formulação de hipóteses, a capacidade de fazer generalizações etc. A abrangência e complexidade da atividade permitem que um aluno dos anos iniciais do Ensino Fundamental com algum conhecimento sobre números naturais, poliedros e planificações, até um aluno do curso superior (de Matemática, por exemplo) com algum conhecimento sobre funções contínuas e Cálculo Diferencial e Integral mobilizem, a seu modo, esse conjunto de elementos para oferecer algum tipo de resposta possível à tarefa proposta.

Situação 4

Hadji (2012, p. 207) apresenta, em seu livro *Devemos ter medo da avaliação?*,[1] de maneira detalhada e organizada, os fins e funções da avaliação:

FINS POSSÍVEIS: pode-se avaliar com vistas a	FUNÇÕES POSSÍVEIS: pode-se avaliar para
• prestar contas (a uma "autoridade")	• embasar uma decisão
• pressionar	• controlar as aquisições
• ajudar, acompanhar (um indivíduo ou grupo)	• atestar a posse de uma aquisição (exemplo: domínio de uma competência cognitiva, profissional)
• motivar	
• assegurar o sucesso de uma ação social	• fazer um diagnóstico de "fracos" e "fortes"
• comparar	• classificar
• informar e esclarecer os atores sociais	• apreciar focalizando um objetivo

---

1. *Faut-il avoir peur de l'évaluation?*

1. O autor considera que todos os fins provavelmente não são igualmente legítimos e todas as funções, igualmente úteis. Assim, como responder à questão que o próprio autor apresenta: certos fins e certas funções são preferíveis em relação a outras e em nome de quê?
2. Visando entender o ponto de vista do autor e considerando as práticas de avaliação instituídas nos sistemas de ensino brasileiros, quais argumentos podem ser levantados para justificar sua afirmação sobre legitimidade e utilidade dos fins e funções da avaliação?

Comentários

Há várias maneiras de entender a avaliação e o autor reúne nesse quadro algumas funções e fins possíveis que expressam essas diferentes maneiras de conceber e praticar a avaliação. A ideia de que a avaliação tem como fim ajudar, motivar, acompanhar, informar, esclarecer, assegurar o sucesso de uma ação social ao lado das funções de atestar uma competência, apreciar focalizando objetivos tem um peso diferente e oposto às ideias de comparar, classificar, pressionar, separar, rotular alunos como fortes ou fracos. As práticas de avaliação muitas vezes enfatizam uma ou outra perspectiva com consequências para os alunos, os professores e o sistema de ensino. Conforme destacado no Capítulo 5, essas práticas encaram a avaliação ou com o objetivo de medir o aproveitamento dos alunos, selecionar e classificá-los pelo seu grau de sucesso ou fracasso na aprendizagem ou com o objetivo de identificar os fatores relacionados ao aproveitamento e desempenho escolar do aluno e na própria forma como o ensino é realizado. O predomínio de práticas associadas ao caráter métrico e classificatório da avaliação lhe confere conotações negativas porque identificada com as dificuldades e com o fracasso do aluno. Apesar de todo o esforço em tornar as avaliações em larga escala aceitáveis e como elementos reguladores dos sistemas educacionais, que fundamentam tomadas de decisões, tem sido inevitável essa conotação negativa da avaliação que tem sido reforçada. O desafio consiste em conferir às modalidades de avaliação, sejam as externas, sejam aquelas praticadas no interior e no cotidiano da sala de aula, um caráter positivo, múltiplo, comprometido com o sucesso do aluno, na sua aprendizagem, e com o sucesso do professor, no exercício do seu papel. Conforme enfatizado no Capítulo 5, ao praticar avaliações, que estas estejam voltadas para o acompanhamento sistemático do trabalho pedagógico, realçando o que os alunos sabem, identificando suas dificuldades, reunindo elementos que permitam uma análise e interpretações dessas dificuldades e que subsidiem a reorientação do trabalho visando o progresso dos alunos, sua inclusão e permanência no processo escolar.

Situação 5

Entre os diferentes autores que discutem concepções de matemática e do seu ensino, destaca-se Carmen Gómez-Granell. A autora refere-se às orientações que priorizam o caráter sintático da Matemática, ou seja, enfatiza a manipulação de símbolos pelos alunos de acordo com regras que não compreendem. Ela se refere também às orientações de caráter mais conceitual que enfatizam o significado das noções e valorizam procedimentos intuitivos dos alunos. Ao mesmo tempo a autora sugere que no primeiro caso há dificuldade em associar os símbolos ao seu significado referencial e, no segundo caso, a compreensão do significado dos conceitos pelo uso de procedimentos intuitivos não garante o acesso e o domínio dos símbolos e da linguagem.

Assim, são caracterizadas orientações de ensino influenciadas, ou por uma concepção que prioriza a função formal da linguagem matemática ou por outra concepção segundo a qual qualquer expressão formal tem um significado referencial a ser considerado. Ao defender que saber Matemática implica tanto dominar os símbolos formais independentemente de situações específicas quanto poder, ao mesmo tempo, devolver a tais símbolos o seu significado referencial e então usá-los nas situações e problemas que assim o requeiram, Gomes-Granell (1997) levanta algumas sugestões para que a aprendizagem em Matemática associe e articule aspectos sintáticos e semânticos de noções e da linguagem matemática.

O conjunto de proposições feitas pela autora com o propósito de articular as dimensões do ensino de Matemática, conforme foram caracterizadas, podem ser traduzidas do seguinte modo:

- Trabalhar com os conceitos e procedimentos matemáticos de modo contextualizado.
- Considerar a resolução de problemas como contextos privilegiados em que se proponha a busca de soluções, a especulação, a formulação de questões, a investigação, o levantamento de hipóteses, a argumentação etc.
- Valorizar os procedimentos próprios, não formais dos alunos, como meios de exploração do significado de conceitos e dos procedimentos matemáticos.
- Procurar relacionar os símbolos, a linguagem e as regras a significados referenciais que possam ter.
- Para além do uso de estratégias pessoais pelos alunos, propor modelos concretos (manipulativos, verbais, gráficos ou simbólicos) que favoreçam o entendimento do significado de noções e procedimentos aritméticos, algébricos, geométricos.
- Promover a utilização de diferentes tipos de linguagem (natural, símbolos, desenhos, gráficos etc.) e, quando possível, procurar relacioná-las.
- Diversificar os contextos para trabalhar os mesmos conceitos e procedimentos permitindo o reconhecimento de regularidades, semelhanças, identidades na diversidade semântica das diferentes situações.
- Promover a abstração progressiva e permanentemente de modo que favoreça a conexão entre variáveis de uma situação, de um contexto e expressões formais.

Questões

1. Verifique se você reconhece alguma ou algumas dessas ideias presentes no ensino de Matemática que você recebeu ao longo da sua trajetória de aluno da escola básica.
2. Considere esse conjunto de sugestões e reflita em que medida elas foram objeto de reflexão ao longo da sua formação como professor.
3. Com base na leitura do livro, há alguma outra sugestão que você gostaria de acrescentar ao conjunto proposto pela autora?

Comentários

As sugestões feitas pela autora contêm ideias, princípios, proposições e concepções de ensino e aprendizagem da Matemática que se constituíram com maior força a partir dos anos 1980 e trazem elementos já discutidos no campo da Didática e da Educação Matemática desde os anos 1970. São concepções que identificam a necessidade de o ensino ser contextualizado, da construção de significados referenciais pelos alunos por meio da resolução de problemas, em que são mobilizados procedimentos e estratégias próprias pelos alunos. Tais concepções rompem com uma visão de ensino de Matemática que enfatiza exclusivamente os aspectos formais da linguagem e dos processos matemáticos, a memorização e repetição de técnicas e modelos padronizados de resolução de problema. Ao mesmo tempo evidenciam que os conceitos e símbolos matemáticos possuem dois significados indissociáveis: 1) um estritamente formal que guarda uma certa autonomia em relação ao real; 2) outro significado referencial que permite associar os símbolos e noções matemáticas a situações/contextos reais. Assim, as práticas escolares que privilegiem exclusivamente um ou outro significado tem como resultado uma distorção e redução do ensino de Matemática.

Referências Bibliográficas

ABRANTES, P. **Avaliação e educação matemática**. Série reflexões em Educação matemática. Rio de Janeiro: MEM/USU/GEPEM, 1995. v. 1.

ABRANTES, P.; SILVA, A.; VELOSO, E.; PORFÍRIO, J. O currículo de matemática e as atividades de investigação. In: GUIMARÃES, H. M. et al. (Org). **Paulo Abrantes: Intervenções em educação matemática**. Lisboa: APM, 2005.

ABREU, G. A teoria das representações sociais e a cognição matemática. **Quadrante**. v. 4, n. 1, p. 25-41. Lisboa: APM, 1995.

ALEKSANDROV, A. D. Vision general de La Matematica. In: ALEKSANDROV; A. D.; KOLMOGOROV, M. A.; LAURENTIEV, M. A. et al. **La matemática: su contenido, métodos y significado.** 7. ed. Madri: Alianza Universidad, 1985. p. 17-79.

ALLEGRETTI, S. M. de M. **Diversificando os ambientes de aprendizagem na formação de professores para o desenvolvimento de uma nova cultura**, 2003. Tese (Doutorado) – PUC-SP, São Paulo, 2003.

ALMEIDA, J. J. P. **Formação Contínua de Professores: um contexto e situações de uso de tecnologias de comunicação e informação**. 2006. 192 p. Dissertação (Mestrado em Educação) — Faculdade de Educação, USP, São Paulo (SP), 2006.

ALSINA; C., BURGUÉS, C. FORTUNY, J. M. **Invitacion a la Didactica de Geometria**. Madrid: Editorial Sintesis, S.A., 1995.

ANDRÉ, M. E. D. A. **Etnografia da prática escolar**. 5. ed. Campinas: Papirus, 2000.

ARANHA, M. A. **Filosofia da Educação**. 2. ed. São Paulo: Moderna, 1996.

ARAÚJO, J. L.; BORBA, M. C. Construindo pesquisas coletivamente em Educação Matemática. In: BORBA, M. C. e ARAÚJO, J. L. (Orgs.). **Pesquisa qualitativa em Educação Matemática**. Belo Horizonte: Autêntica, 2004. p. 25-45.

ARTIGUE, M. e Equipe DIDIREM. Ferramenta informática, ensino de Matemática e formação de professores. **Em Aberto**, Brasília, ano 14, n. 62, p. 9-21, abr./jun. 1994.

BARBOSA, A. **Políticas públicas para a formação de professores das séries iniciais do Ensino Fundamental: uma análise do programa PEC Formação Universitária**. 2005. Tese (Mestrado em Educação) – Universidade de São Paulo – Faculdade de Educação, 2005.

BARROS, A. M.; ALMEIDA, L. S. Dimensões sociocognitivas do desempenho escolar. In: ALMEIDA, L. S.(Ed.) **Cognição e aprendizagem escolar**. Porto: Associação dos psicólogos portugueses, 1991.

BELINTANE, C. Formação contínua na área de linguagem: continuidades e rupturas. In: CARVALHO, A. M. P. (Coord.). **Formação continuada de professores: uma releitura das áreas de conteúdo.** São Paulo: Pioneira Thomson Learning, 2003. p. 17-38.

_____. Por uma ambiência de formação contínua de professores. **Cadernos de Pesquisa**, São Paulo, n. 117, p. 177-193, nov. 2002.

BERMEJO, V.; LAGO, M.; RODRÍGUEZ, P. Las creencias de alumnos y profesores sobre las matemáticas. In: BELTRÁN, J. A. et al. **Intervención psicopedagógica y currículum escolar**. Madri: Ediciones Pirâmide, 2000. Cap. 5, p. 129-51.

BIDEAUD, J. Níveis anteriores e aprendizagens numéricas elementares. In: GRÉGORIE, J. **Avaliando as aprendizagens: os aportes da psicologia cognitivas**. Trad. Bruno Magne. Porto Alegre: Artes Médicas Sul, 2000. p. 41-63.

BISHOP, A. J. **Enculturacion Matemática: la educación matemática desde una perspectiva cultural**. Barcelona: Ediciones Paidos Ibérica, 1999.

BOERO, P. ; DOUEK, N. La didactique des domaines d' experience. In: **Carrefour de l'éducation**. Amiens: Université de Picardie, n. 26, 2008.

BOERO, P.; DOUEK, N.; FERRARI, P. L. Developing Mastery of Natural Language. Approach to Theoretical Aspects of Mathematics. In: ENGLISH, L. et al. (Eds.). **Handbook of International Research in Mathematics Education**. Hillsdale, N.J: L.E.A., 2002. p. 241-268.

BORBA, M. C.; SKOVSMOSE, O. A ideologia da certeza em Educação Matemática. In: SKOVSMOSE, O. **Educação matemática crítica: a questão da democracia**. Campinas: Papirus, 2001. p. 127-148.

BÜTTGEN, P. e CASSIN, B. J'en ai 22 sur 30 au vert. Six thèses sur l'evaluation, **Cités**, n. 37, p. 27-41, 2009/1.

BRASIL. Instituto Nacional de Estudos Pedagógicos Anísio Teixeira. **Programa Internacional de Avaliação de Alunos (Pisa): resultados nacionais Pisa-2009**. Instituto Nacional de estudos pedagógicos. Brasília: Inep, 2012. 126p.

_____. Lei nº 5.692, de 11 de agosto de 1971. Fixa diretrizes e bases para o ensino de 1º e 2º graus e dá outras providências. Disponível em: <https://www.planalto.gov.br/ccivil_03/leis/l5692.htm>. Acesso em: 19 fev. 2014.

_____. Lei nº 9.394, de 20 de dezembro de 1996. Estabelece as diretrizes e bases da educação nacional. Disponível em: <http://portal.mec.gov.br/arquivos/pdf/ldb.pdf>. Acesso em: 18 fev. 2014.

_____. Lei nº 12.796, de 4 de abril de 2013. Altera a Lei nº 9.394, de 20 de dezembro de 1996, que estabelece as diretrizes e bases da educação nacional, para dispor sobre a formação dos profissionais da educação e dar outras providências. Disponível em: <http://www.planalto.gov.br/ccivil_03/_ato2011-2014/2013/lei/l12796.htm>. Acesso em: 18 fev. 2014.

_____. Lei federal nº 11.274, de 6 de fevereiro de 2006. Altera a redação dos arts. 29, 30, 32 e 87 da Lei nº 9.394, de 20 de dezembro de 1996, que estabelece as diretrizes e bases da educação nacional, dispondo sobre a duração de 9 (nove) anos para o ensino fundamental, com matrícula obrigatória a partir dos 6 (seis) anos de idade. Disponível em: <http://www.planalto.gov.br/ccivil_03/_Ato2004-2006/2006/Lei/L11274.htm>. Acesso em: 19 fev. 2014.

_____. Ministério da Educação. Secretaria de Ensino Básico. **Referencial Curricular Nacional para a Educação Infantil**. Brasília: MEC/SEF, 1998. v. 3.

BROUSSEAU, G. Em que os diferentes enfoques da Didática podem contribuir para aqueles que ensinam? In: Lerner, Delia (Org.) **Col. V Seminário Internacional: O conhecimento didático e a tarefa do professor**. São Paulo, 1996a.

_____. Fundamentos e métodos da Didáctica da Matemática. In: BRUN, Jean (org). **Didáctica das Matemáticas**. Lisboa: Instituto Piaget/ Horizontes Pedagógicos, 1996b. p. 35-113.

_____. Les obstacles espistemologiques et les problemes en Mathematiques. **Recherches en Didactique des Mathematiques**, Grenoble, v. 4, n. 2, p. 165-198, 1983.

CAMPOS, S.; PESSOA, V. I. F. Discutindo a formação de professoras e de professores com Donald Schön. In: GERALDI, Corinta Maria G.; FIORENTINI, Dario; PEREIRA, Elisabete Monteiro de A. (Orgs.). **Cartografias do trabalho docente: professor(a)-pesquisador(a)**. Campinas: Mercado de Letras/ Associação de Leituras do Brasil – ALB, 1998. p. 183-206.

CARVALHO, C.; CÉSAR, M. Reflexões em torno de dinâmicas de interacção: o caso do trabalho em díade em tarefas não habituais de Estatística. In: MONTEIRO, C. et al. (Orgs.). **Interacções na aula de Matemática**. Viseu: Fundação Calouste Gulbenkian, 2000. p. 85-97.

CENTENO, J. Dificuldades, erros, conflictos y obstáculos. In: CENTENO-PEREZ, J. **Números decimales. Por qué? Para qué?** Madri: Editorial Sintesis, 1988.

CHACÓN, I. M. G. **Matemática emocional: os afetos na aprendizagem matemática**. Porto Alegre: Artmed, 2003.

CHATEAURAYNAUD, F. L'preuve du tangible: experiences de l'enquête et surgissements de la preuve. *La croyance et l'enquête. Aux sources du pragmatisme. Raisons pratiques*, v. 15. EHESS, Paris, p. 167-104, 2004.

CHEVALLARD, Y. Conceitos fundamentais da Didáctica: as perspectivas trazidas por uma abordagem antropológica. In: BRUN, Jean (org). **Didáctica das Matemáticas**. Lisboa: Instituto Piaget/Horizontes Pedagógicos, 1996. p. 115-153.

_____. **La transposition didactique. Du savoir savant au savoir enseigné**. Grenoble: La Pensée Sauvage, 1991.

COLL, C. et al. (Org.). **Os conteúdos na reforma: ensino e aprendizagem de conceitos, procedimentos e atitudes**. Porto Alegre: Artmed, 1998.

COONEY, T. J.; WIEGEL, H. G. Examining the mathematics in Mathematics Teacher Education. In: BISHOP, A. J.; CLEMENTS, M. A.; KEITEL, C; KILPATRICK, J.; LEUNG F. K. S. **Second international handbook of mathematics Education**. Dordrecht/Boston/Londres: Kluwer Academic Publishers, 2003. p. 795-828.

CONTRERAS, J. **Autonomia de professores**. São Paulo: Cortez, 2002.

CUNHA, C.; LINDLEY, C. **Nova gramática do português contemporâneo**. 3. ed. Rio de Janeiro: Nova Fronteira, 2001.

CURY, H. N. **Análise de erros: o que podemos aprender com as respostas dos alunos**. Belo Horizonte: Editora Autêntica, 2007. Coleção Tendências em Educação Matemática.

D'AMBRÓSIO, U. A. História da Matemática: questões historiográficas e políticas e reflexos na Educação Matemática. In: BICUDO, M. A. V. (Org.). **Pesquisa em educação matemática: concepções e perspectivas**. São Paulo: Editora UNESP, 1999. p. 97-116.

DAVIS, P. J.; HERSH, R. **A experiência matemática**. Trad. de João Bosco Pitombeira. Rio de Janeiro: Francisco Alves, 1985.

DE CORTE, E.; VERSCHAFFEL, L. Apprendre et enseigner les mathématiques: un cadre conceptuel pour concevoir des enviroments d'enseignement-apprentissage stimulants. In: CRAHAY, M.; VERSCHAFFEL, L.; DE CORTE, E.; GRÉGOIRE, J. (Eds.) **Enseignement et apprentissage des mathématiques: que disent le recherches psychopédagogiques?** Bruxelles: Groupe de Boeck S.A., 2008. p. 25-54.

DOSSEY, J. A. The nature of Mathematics: its role and its influence. In: GROWS, D. A. (Ed.) **Handbook of research on mathematics teaching and learning: a project of the National Council of Teachers of Mathematics**. National Council of Teachers of Mathematics: Reston, Virginia, 1992. p. 39-48.

DOUEK, N. **Les rapports entre l'argumentation et la conceptualisation dans les domaines d'experience.** 2002-2003. Tese (Doutorado) – Université Paris V – René Descartes, Paris, France, 2002-2003.

ENGLISH, L. D. et al. Future Issues and Directions in International Mathematics Education Research. In: ENGLISH, Lyn D. (Ed.). **Handbook of International Research in Mathematics Education**. Mahwah, Nova Jersey, Londres: Lawrence Erlbaum Associates, Publishers. National Council of Teachers of Mathematics, 2002.

ERNEST, P. **Construtivismo social como uma filosofia de Matemática: construtivismo radical reabilitado?** University of Exeter. Disponível em: <www.people.exeter.ac.uk/PErnest/soccon.htm>. Acesso em: 07 jun. 2010.

_____. **Social constructivism as a philosophy of mathematics.** Nova York: Suny Press, 1998.

_____. **The Philosophy of Mathematics Education**. Londres, Nova York, Filadélfia: The Falmer Press, 1991.

_____. What is the Philosophy of Mathematics Education? **Philosophy of Mathematics Education Journal,** n. 18, out. 2004. Disponível em: <www.people.exeter.ac.uk/PErnest/pome18/PhoM_%20for_ICME_04.htm>. Acesso em: 30 maio 2010.

FANIZZI, S. **A interação nas Aulas de Matemática: um estudo sobre aspectos constitutivos do processo interativo e suas implicações na aprendizagem.** 2008, 293 p. Dissertação (Mestrado em Educação). Faculdade de Educação, Universidade de São Paulo, São Paulo.

FERREIRA, A. C. **Metacognição e desenvolvimento profissional de professores de Matemática: uma experiência de trabalho colaborativo**. 2003. Tese (Doutorado em Educação) – Faculdade de Educação, Universidade Estadual de Campinas, 2003.

FERREIRA, F. **A matemática de Kurt Gödel**. Universidade de Lisboa. Disponível em: <http://www.ciu.ul.pt/~ferferr/Godelmat.pdf>. Acesso em: 11 jul. 2010.

FERRERO, E. La internacionalización de la evaluación de los aprendizajes en la Educación Básica. **Revista Avance y Perspectivas**. jan./mar., 2005, p. 37-43.

FRANT, J. B. **O uso de metáforas nos processos de ensino e aprendizagem da representação gráfica de funções: o discurso do professor**. 30ª Reunião Anual da Anped: GT 19 – Educação Matemática. Caxambu, 2007. p. 1-17.

FULLAN, M.; HARGREAVES, A. **A escola como organização aprendente: buscando uma educação de qualidade**. Trad. Regina Garcez. 2. ed. Porto Alegre: Artes Médicas Sul, 2000.

GALVEZ, G. **Aprendizaje de la orientación espacial en el espacio urbano. Una propuesta para la enseñanza de la geometria en la enseñanza primaria**. Tese (Doutorado). CINVESTAD. México, 1985.

GARCÍA BLANCO, M. M. **Conocimiento profesional del profesor de Matemáticas: el concepto de función como objeto de enseñanza-aprendizaje**. Grupo de Investigación en Educación Matemática (GIEM): U. Sevilla, 2000.

GERALDI, C. M. G.; MESSIAS, M. da G. M.; GUERRA, M. D. S. Refletindo com Zeichner: um encontro orientado por preocupações políticas, teóricas e epistemológicas. In: GERALDI, C. M. G.; FIORENTINI, D.; PEREIRA, E. M. de A. (Orgs.) **Cartografias do trabalho docente: professor(a)-pesquisador(a)**. Campinas: Mercado de Letras/ Associação de Leituras do Brasil – ALB, 1998. p. 237-274.

GHEDIN, E. **A Filosofia e o filosofar**. São Paulo: Uniletras, 2003.

_____. Professor reflexivo: da alienação da técnica à autonomia da crítica. In: PIMENTA, S. G.; GHEDIN, Evandro (Orgs.). **Professor reflexivo no Brasil: gênese e crítica de um conceito**. São Paulo: Cortez, 2002. p. 129-50.

GIMÉNEZ, J. **Evaluación en Matemáticas: una integracion de perspectivas**. Madrid: Editorial Sintesis, S.A, 1997.

GÓMEZ-CHACÓN, I. M. **Matemáticas y contexto: enfoques y estrategias para el aula**. Madri: Narcea, S. A. Ediciones, 1998.

GÓMEZ-GRANELL, C. A aquisição da linguagem matemática: símbolo e significado. In: TEBEROSKY, A.; TOLCHINSKI, L. (Orgs.). **Além da alfabetização: a aprendizagem fonológica, ortográfica, textual e matemática**. São Paulo: Ática, 1997.

_____. Rumo a uma epistemologia do conhecimento escolar: o caso da educação matemática. In: RODRIGO, M. J.; ARNAY, J. (Orgs.). **Domínios do conhecimento, prática educativa e formação de professores**. São Paulo: Ática, 1998. v. 2.

GRÉGOIRE, J. **Avaliando as aprendizagens: os aportes da psicologia cognitiva**. Trad. Bruno Magne. Porto Alegre: Artes Médicas Sul, 2000.

_____. Développement logique et competences arithmétiques. Le modele piagétien est-il toujours actuel? In: CRAHAY, M. VERSCHAFFEL, L.; DE CORTE, E.; GRÉGOIRE, J. (Eds.) **Enseignement et apprentissage des mathématiques. Que dissent les recherches psychopédagogiques?** Bruxelas: Groupe de Boeck, 2008.

HADJI, C. **Faut-il avoir peur de l'evaluation?** Bruxelles: De Boeck, 2012.

HARGREAVES, A. **Profesorado, cultura y postmodernidad.** Madrid: Morata, 1996.

HEIDE, A.; STILBORNE, L. **Guia do professor para a Internet**. 2. ed. Porto Alegre: Artes Médicas, 2000.

HERNÁNDEZ, M. A. **La construcción del lenguaje matemático**. Biblioteca de Uno. Serie Didáctica de las matemáticas. Barcelona: Editorial Graó, 2002.

HERSH, R. Fresh Breezes in the Philosophy of Mathematics. In: Ernest, P. **Mathematics, education and philosophy: an international perspective**. Studies in Mathematics Education Series: 3. Londres, Washington DC: The Falmet Press, 1994. p. 11-20.

HIGUERAS, L. R. La invisibilidade institucional de los objetos matemáticos. Su incidência en el aprendizaje de los alunos. In: GONZALEZ, F. **Dificuldades del aprendizaje de las matemáticas**. Instituto Superior de Formación del Profesorado, Aulas de Verano, Santander, 2001.

HOUAISS, A. **Dicionário Houaiss da Língua Portuguesa**. Rio de Janeiro: Objetiva, 2009.

INSTITUT NATIONAL DE RECHERCHE PÉDAGOGIQUE (INRP - ERMEL). **À descoberta dos números: contar, cantar e calcular.** Lisboa: Edições Asa, 1995.

INVERNIZZI, N. Teoria da competência: categorias analíticas e ideologia na compreensão dos novos processos de trabalho. In: **Trabalho & Educação**, Belo Horizonte, MG, n. 9, p. 115-131, jul. dez. 2001.

KILPATRICK, J.; GÓMEZ, P.; RICO, L. **Educación Matemática**. México: Grupo Editorial Iberoamérica, 1995.

LACASA, P. **Aprender em la escuela, aprender em la calle**. Madrid: Visor, 1994.

LAVE, J.; WENGER, E. **Situated learning. Legitimate peripherical participation**. Cambridge: Cambridge University Press, 1991.

LEITE, L. B.(Org.). **Piaget e a Escola de Genebra**. São Paulo: Cortez, 1987.

LERMA, I. S. Comunicacion, lenguaje y matematicas. In: CISCAR, S.L.; GARCÍA, M.V.S. (Editores). **Teoria y practica en educacion matematica.** Sevilha: Ediciones ALFAR, 1990. Cap. IV, p. 173-235.

LIBÂNEO, José Carlos. **Produção de saberes na escola: suspeitas e apostas.** Goiânia, jun/2000. In: Educação on-line. Disponível em: <http://www.educacaoonline.pro.br/art_producao_de_saberes.asp?f_id_artigo=427>. Acesso em: 1º dez. 2003.

_____. **Adeus professor, adeus professora? Novas exigências educacionais e profissão docente.** 6. ed. São Paulo: Cortez, 2002.

LIMA, M. S. L. **A formação contínua do professor nos caminhos e descaminhos do desenvolvimento profissional.** 2001. Tese (Doutorado) – Faculdade de Educação da Universidade de São Paulo, 2001.

LLINARES, S.; SÁNCHEZ, V. Evaluación en el área de Matemáticas. In: RIVILLA, A. M. et al. (Eds.). **Evaluación de los procesos y resultados del aprendizaje de los iniciantes.** Madri: Estudios de La UNED, 1998.

LISPECTOR, Clarice. **A paixão segundo G.H.** Rio de Janeiro: Rocco, 1998.

MARCELO, F. A.; BUJES, M. I. E. Ampliação do ensino fundamental a que demandas atende? A que regras obedece? A que racionalidades corresponde? **Educação e Pesquisa: revista de Educação da USP**, v. 37, n. 1, jan./abr. 2011.

MARCOUX, G. Différences entre élèves dans trois types de tâches en mathématiques: quelques variables à prendre en compte pour éviter d'engendrer des inégalités. In: BECKERS, J.; CRINON, J.; SIMONS, G. (Eds.). **Approche** par compétences et réduction des inégalités d'apprentissage entre élèves: De l'analyse des situations scolaires à la formation des enseignants. Bruxelas: De Boeck, 2012.

MARTÍN-BARBERO, J. Novos regimes de visualidade e descentralizações culturais. In: BRASIL. Ministério da Educação. **Mediatamente! Televisão, cultura e educação**. Brasília: Ministério da Educação, Secretaria de Educação a Distância, 1999, p. 17-40.

MATOS, J. F. Atitudes e concepções dos alunos: definições e problemas de investigação. In: BROWN, M. et al. **Educação Matemática**. Lisboa: Instituto de Inovação Educacional/Secção de Educação Matemática da Sociedade Portuguesa de Ciências da Educação, 1992. p. 123-183.

MENEZES, L. **Matemática, linguagem e comunicação**. ProfMat99 – Encontro Nacional de Professores de Matemática. Portimão, 1999. p. 1-17.

MERCADO, L. P. L. **Formação continuada de professores e novas tecnologias**. Maceió: Edufal, 1999.

MIRANDA, A.; FORTES, C.; GIL, D. **Dificultades del aprendizaje de las matemáticas: un enfoque evolutivo**. Málaga: Ediciones Aljibe, 1998.

MIRÓ, X. V. **Matemáticas para todos. Enseñar en un aula multicultural**. Barcelona: ICE – Horsori, 2007.

MORAL-SANTAELLA, C. **Formación para la profesión docente: nuevas metáforas para la formación del profesorado**. Granada: FORCE, 1998.

NATIONAL COUNCIL OF TEACHERS OF MATHEMATICS (NCTM). **Normas para o currículo e a avaliação em Matemática escolar**. 2. ed. Trad. port. Associação de Professores de Matemática. 1994.

NESHER, P. Posibles relaciones entre lenguaje natural y lenguaje matemático. In: GORGORIÓ, N. et al. **Matemáticas y educación: retos y cambios desde uma perspectiva internacional**. Barcelona: Editorial Graó, 2000. Cap. 6, p. 109-123.

NÓVOA, A. Entrevista concedida a Paola Gentile. **Nova Escola**, 142 ed. São Paulo: Ed. Abril, maio/2001, p. 13-15, 2001. Disponível em: <http://novaescola.abril.com.br/ed/142_mai01/html/fala_mestre.htm>. Acesso em: 14 set. 2003.

OLIVEIRA-FORMOSINHO, J.; FORMOSINHO, J. A formação em contexto: a perspectiva da associação criança. In: OLIVEIRA-FORMOSINHO, J.; KISHIMOTO, T. M. (Orgs.) **Formação em contexto: uma estratégia de integração**. São Paulo: Pioneira Thomson Leaning, 2002. p. 1-40.

OLIVEIRA, H.; PONTE, J. P. Investigação sobre concepções, saberes e desenvolvimento profissional dos professores de Matemática. **Atas do SIEM VII**. Lisboa: APM, 1997. p. 3-23. Disponível em: <http://www.educ.fc.ul.pt/docentes/jponte/artigos_pt.htm>. Acesso em: 24/dez/2004.

ORTEGA, E. M. V. **A construção dos saberes dos estudantes de Pedagogia em relação à Matemática e seu ensino no decorrer da formação inicial**. 2011. 164p. Tese (Doutorado em Educação) – Faculdade de Educação, USP, São Paulo (SP), 2011.

ORTEGA, E. M. V.; SANTOS, V. M. A matemática e o lugar do professor nos anos iniciais: o ponto de vista dos alunos da pedagogia. **Revista Eletrônica de Educação**. São Carlos, SP: UFSCar, v. 6, n. 1, p. 27-43, maio 2012. Disponível em: <http://www.reveduc.ufscar.br.>.

PAIS, L. C. **Didática da Matemática: uma análise da influência francesa**. 2. ed. Belo Horizonte: Autêntica, 2002.

PEC Formação Universitária – Municípios. **Formação de tutores**. Fevereiro de 2003. (Mimeografado).

PIMENTA, S. G. Formação de professores: identidade e saberes da docência. In: PIMENTA, S. G. (Org.). **Saberes pedagógicos e atividade docente**. 4. ed. São Paulo: Cortez, 2005. p. 15-34.

_____. Professor reflexivo: construindo uma crítica. In: PIMENTA, S. G. e GHEDIN, E. (Orgs.). **Professor reflexivo no Brasil: gênese e crítica de um conceito**. São Paulo: Cortez, 2002. p. 17-52.

PIMM, D. **El lenguage matemático en el aula**. Madrid: Morata, 1990.

PINTO, A. V. **Sete lições sobre educação de adultos**. 9. ed. São Paulo: Cortez, 1994.

PLANCHON, H. **Réapprendre les maths. Théorie et pratique du réapprentissage**. Paris: Les éditions ESF, 1989.

PISA. 2010. Disponível em: <http://download.inep.gov.br/download/internacional/pisa/2010/resultados_gerais.pdf>. Acesso em: 19 fev. 2014.

POLETTINI, A. F. F. Análise das experiências vividas determinando o desenvolvimento profissional do professor de Matemática. In: BICUDO, M. A. V. (Org.). **Pesquisa em Educação Matemática: concepções e perspectivas.** São Paulo: Unesp, 1999. p. 247-261.

PONTE, J. P. **Da formação ao desenvolvimento profissional.** Conferência plenária apresentada no Encontro Nacional de Professores de Matemática ProfMat 98, 1998, Guimarães. (Publicado em *Actas do ProfMat 98.* Guimarães, p. 27-44). Lisboa: APM. Disponível em: <http://www.educ.fc.ul.pt/docentes/jponte/artigos_pt.htm>. Acesso em: 10 dez. 2003.

_____. O desenvolvimento profissional do professor de Matemática. **Educação e Matemática.** n. 31, p. 9-12 e 20, 1994. Disponível em: <http://www.educ.fc.ul.pt/ docentes/jponte>. Acesso em: 10 dez. 2003.

_____; SERRAZINA, M. L. **Didática da Matemática.** Lisboa: Universidade Aberta, 2000.

PRADO, M. E. B. B.; VALENTE, J. A. A formação na ação do professor: uma abordagem na e para uma nova prática pedagógica. In: VALENTE, José Armando (org.). **Formação de educadores para o uso da informática na escola.** Campinas, SP: Unicamp/Nied, 2003. p. 21-38.

RESTIVO, S. The Social Life of Mathematics. In: ERNEST, P. Mathematics, Education and Philosophy: An International Perspective. **Studies in Mathematics Education.** Series: 3. Londres, Washington DC: The Falmer Press, 1994. p. 209-220.

RIVILLA, A. M. **Evaluación de los procesos y resultados del aprendizage de los estudiantes.** Madri: Uned, 1998.

ROBERT, P. **La Finlande: un modèle éducatif pour la France? Les secrets de la réussite. Pédagogies.** Coleção organizada por Philippe Meireu, Paris: Issy-les-Moulineaux: ESF Editeur, 2008.

RODRIGUES, M. **Interações sociais na aprendizagem da matemática.** Quadrante, APM, Lisboa, v. 1, n. 1, p. 3-47, 2000.

RODRIGUES, A.; ESTEVES, M. **A análise de necessidades na formação de professores.** Porto: Porto, 1993.

ROEGIERS, X. **Curricula et apprentissages au primaire et au secondaire: la Pédagogie de l'integration comme cadre de réflexion et d'action**. Bruxelas: De Boeck, 2011.

SÁ, C. P. **Núcleo central das representações sociais**. Petrópolis: Vozes, 1996.

SACRISTÁN, J. G. Tendências investigativas na formação de professores. In: PIMENTA, Selma Garrido e GHEDIN, Evandro (Orgs.). **Professor reflexivo no Brasil: gênese e crítica de um conceito**. São Paulo: Cortez, 2002. p. 17-52.

_____. Esquemas de racionalización en una práctica compartida. En Congreso Internacional de Didáctica: **Volver a pensar la educación**. Madri: Morata, 1995. p. 13-44.

SANTOS, V. M. A matemática escolar, o aluno e o professor: paradoxos aparentes e polarizações em discussão. In: **Cadernos Cedes**, Campinas, vol. 28, n. 74, p. 13-28, jan./abr. 2008.

_____. **A matemática no primeiro grau: o significado que pais, alunos e professores conferem à matemática**. 1990. Dissertação (Mestrado) – Pontifícia Universidade Católica de São Paulo, São Paulo.

_____. A relação e as dificuldades dos alunos com a Matemática: um objeto de investigação. **Revista de Educação Matemática – Zetetiké**, Unicamp, Campinas, v. 17. p. 57-93, 2009.

_____. Cotidiano da sala de aula e gestão do professor de matemática. **Anais do VII Encontro Paulista de Educação Matemática (EPEM)**. Sociedade Brasileira de Educação Matemática. São Paulo, 2004.

_____. O projeto curricular de cada professor e o currículo oficial. SÃO PAULO, Secretaria de Estado da Educação. **Programa PEC – Formação de Universitária – Tema 5 (Matemática), módulo 2** – (USP, UNESP, PUCSP, SEESP), São Paulo, 2002.

_____. **Percursos em Educação Matemática: ensino, aprendizagem e produção de conhecimento**. 2008. Tese (Livre Docência em Educação). Faculdade de Educação da Universidade de São Paulo, São Paulo, 2008b.

SANTOS, V. M.; TRABAL, P. L'enseignement des mathématiques et les difficultés des élèves: des questions pour la recherche. **Actes des Journées M2Real**, Lyon, v. 1, p. 1-14, 2011, Lettre M2real. Lyon: INSA, 2011.

SANTOS, V. M.; TEIXEIRA, L. R. M.; MORELATTI, M. R. M. **Professores em formação: as dificuldades de aprendizagem em Matemática corno objeto de reflexão**. II Seminário Internacional de Pesquisas em Educação Matemática, Santos, SP, 2003.

SÃO PAULO (Estado). Secretaria da Educação. Coordenadoria de Estudos e Normas Pedagógicas. **Proposta Curricular de Matemática: 1º grau**. São Paulo: SE/CENP, 1988.

_____ Secretaria da Educação. Coordenadoria de Estudos e Normas Pedagógicas. **Proposta Curricular de Matemática: 1º grau**. São Paulo: SE/CENP, 1987.

SARMENTO, M. L. M. **Vínculos de aprendizagem na formação continuada: um estudo crítico sobre o Programa de Educação Continuada – Formação Universitária no Estado de São Paulo**. 2003. Tese (Doutorado). PUC-SP, São Paulo, 2003.

SCHÖN, D. A. Formar professores como profissionais reflexivos. In: NÓVOA, A. (Org.). **Os professores e sua formação**. Lisboa: Dom Quixote, 1992. p. 77-92.

SILVA, J. J. Filosofia da matemática e filosofia da educação matemática. In: BICUDO, M. A. V. (Org.). **Pesquisa em educação matemática: concepções e perspectivas**. São Paulo: Unesp, 1999. p. 45-58.

SOCAS, M. Dificultades, obstáculos y errores en el aprendizaje de las Matemáticas en la Educación Secundaria. In: RICO, L. et al. **La Educación Matemática en la Enseñanza Secundaria**. Barcelona: Horsori, 1997.

SIMON, B. **Dicionário Oxford de Filosofia**. Trad. Desidério Murcho et al. Rio de Janeiro: Jorge Zahar Ed., 1997.

STEMHAGEN, K. Social Justice and Mathematics: Rethinking the ture and Purposes of School Mathematics. In: **Philosophy of Mathematics Education Journal,** n. 19, dez. 2006.

TRABAL, P.; SANTOS, V. M. Une Sociologie pragmatique de l'eisegnement des mathematiques. In: **Colloque International de Sociologie et Didactique: vers une transgression des frontieres**, 2012, Lausanne, Suíça. Disponível em: <http://www.hepl.ch/cms/accueil/formation/unites-enseignement-et--recherche/agirs-acteurs-gestions-ide>. Acesso em: 11 maio 2013.

TRABAL, P. **La violence de l'enseignement des mathématiques et des sciences: un autre approche de la sociologie des sciences**. Coll Education et formation-série Recherches. Paris: L' Harmattan, 1997.

VERGNAUD, G. La théorie des champs conceptuels. **Recherches en Didactique des Mathématiques**, v. 10, n. 23, p. 133-70, 1990.

YACKEL, E. et al. A importância da interacção social na construção do conhecimento matemático das crianças. In: **Educação e Matemática**. n. 18, p. 17-21, jun. 1991.

ZARKA, Y. **Éditorial**. Qu'est-ce que tyranniser le savoir? Cités, n. 37, p. 3-6, 2009/1.

ZEICHNER, K. M. Formando professores reflexivos para a educação centrada no aluno: possibilidades e contradições. In: BARBOSA, Raquel Lazzari Leite (Org.). **Formação de educadores: desafios e perspectivas**. São Paulo: Unesp, 2003. p. 35-55.

_____. Para além da divisão entre professor-pesquisador e pesquisador acadêmico. In: GERALDI, C. M. G.; FIORENTINI, D.; PEREIRA, E. M. A. (Orgs.). **Cartografias do trabalho docente: professor(a)-pesquisador(a)**. Campinas: Mercado de Letras/Associação de Leituras do Brasil – ALB, 1998. p. 207-236.

Trilha

As ferramentas de aprendizagem utilizadas até alguns anos atrás já não atraem os alunos de hoje, que dominam novas tecnologias, mas dispõem de pouco tempo para o estudo. Na realidade, muitos buscam uma nova abordagem. A **Trilha** está abrindo caminho para uma nova estratégia de aprendizagem e tudo teve início com alguns professores e alunos. Determinados a nos conectar verdadeiramente com os alunos, conduzimos pesquisas e entrevistas. Conversamos com eles para descobrir como aprendem, quando e onde estudam, e por quê. Conversamos, em seguida, com professores para obter suas opiniões. A resposta a essa solução inovadora de ensino e aprendizagem tem sido excelente.

Trilha é uma solução de ensino e aprendizagem diferente de todas as demais!

Os alunos pediram, nós atendemos!

- Flashcards
- Exercícios de revisão
- Jogos

E mais!

Acesse : http://cursosonline.cengage.com.br

Impressão e Acabamento
Bartira
Gráfica
(011) 4393-2911